创新设计思维与方法

丛书主编　何晓佑

全适性设计
共享理念下的产品设计

李一城　著

江苏凤凰美术出版社

图书在版编目（CIP）数据

全适性设计：共享理念下的产品设计 / 李一城著.
南京：江苏凤凰美术出版社，2025.6. -- (创新设计思
维与方法 / 何晓佑主编). -- ISBN 978-7-5741-3238-2

Ⅰ. TB472

中国国家版本馆CIP数据核字第20256EC334号

责任编辑　孙剑博

编务协助　张云鹏

责任校对　唐　凡

责任监印　唐　虎

责任设计编辑　赵　秘

丛 书 名　创新设计思维与方法
主　　编　何晓佑
书　　名　全适性设计：共享理念下的产品设计
著　　者　李一城
出版发行　江苏凤凰美术出版社（南京市湖南路1号　邮编：210009）
制　　版　南京新华丰制版有限公司
印　　刷　江苏凤凰新华印务集团有限公司
开　　本　718 mm×1000 mm　1/16
印　　张　13.5
版　　次　2025年6月第1版
印　　次　2025年6月第1次印刷
标准书号　ISBN 978-7-5741-3238-2
定　　价　85.00元

营销部电话　025-68155675　营销部地址　南京市湖南路1号
江苏凤凰美术出版社图书凡印装错误可向承印厂调换

目录

第一章 绪 论

1.1 选题的背景

在人类社会发展进入工业文明的过程中，一个重要的特征就是工业的大批量规模化生产，这也是现代工业设计的基本特征之一。

我们今天所讲的"工业化"（machination）使得人类在生产力方面产生了巨大的飞跃。在化石型资源被大规模开采和利用之后，生产力的发展是爆炸性和史无前例的，而在这个过程中，传统社会的手工作业模式快速转变为机器化大生产，使得部分社会边缘人群无所适从。

工业文明所带来的便利性不言而喻，工业文明所创造的制成品，为整个社会提供了巨大的财富，同时也为很多独立的个体提供了更多的选择、更多的舒适便捷。另外，由工业文明的技术所推动的经济快速发展，同样带来了惊人的社会化代价。很多人开始意识到工业社会所存在的各种问题及弊端，这些问题已经开始威胁到人类作为一个整体的生存状态。蕾切尔·卡逊（Rachel Carson）在1962年出版的《寂静的春天》一书中，以犀利的笔法描述了工业化制备的化学药品和肥料对生态所产生的破坏。在此书中，她记录了大量工业文明所带来的负面影响，虽然不免感性，也被批评有科学依据方面的错谬，但是这本书的问世及其巨大的影响力，还是推动了人们对工业文明的反思。生态文明（Ecocivilization）这一概念随之诞生，并被认为是遵循人与自然、发展与永续的解决之道。

从工业文明向生态文明转变的过程中，在设计的角度上，我们看到很多新的概念的形成，绿色设计、可持续设计、生态设计等，这在一定程度上反映出研究者对工业文明下的设计所进行的反思和反馈。这些新的反思所形成的新的设计概念，有很多却只是停留在物质的层面，或是更多关注环保和生态。事实上，除了环境与生态，设计同时也要关注人本身，关注社会伦理与公平的原则，这是由设计所构建的社会规则结构的内生价值所决定的。

当今世界，随着全球化的日益深入，信息流通的爆炸性发展，人类社会变得越来越复杂化，文化的更新转型也逐渐加快。全球社会日益转向多元化。而多元文化所涉及的因素极多，性别、种族、宗教、阶级、语言、教育、性取向、身体机能缺陷等都包含在内。多元文化下，社会边缘群体所面对的困境被极大地显现出来。造成部分人群在社会中边缘化和孤立化的原因有很多，例如：由于医学和社会整体的发展，遭受疾病折磨和带有伤残障碍的人士获得生存的概率大大增加，他们也同样是现代社会多元性的其中一环。哈贝马斯的宪政民主思想认为，仅仅依靠法律来提供平等的保护仍不足够，只有当社会各个不同群体，尤其是弱势群体介入公共讨论并且能够充分的表达自己的需求时，才可以说他们享受到了宪政民主所赋予他们的平等的公民权利[①]。对于包括很多传统意义上定位为边缘群体的人群在内的各个群体，多元文化主义强调他们应当在社会层面上获得"承认"与"平等"。而尽可能多地满足不同群体的不同需求，从设计的角度来说，正是设计师们在全球化与多元化时代所面临的挑战。

早期这一课题的逐渐形成和发展，主要在瑞典以及北欧国家。作为较早引入设计伦理学并倡导全民福利社会的北欧地区，在19世纪末就有着相关社会福祉研究与设计相结合的过程。在20世纪初，瑞典著名社会活动家爱伦·凯（Ellen Key）在她的书中将美学与伦理学联系在一起，并要求设计关注社会平等，通过改善设计水准来提高普通人的生活水平。

随着20世纪两次世界大战的结束，大量伤残人员回归社会，促进了整个欧洲和北美对于无障碍设计的讨论和推广。最早的无障碍设计，主要针对有生理残障的人士，通过改建、增建以及专门化设计来满足这部分人群的使用。一方面，设计的目标群体过于单一化；另一方面，附加的专门化建造增加了成本，同时也被诟病丑陋。因而在20世纪60年代的欧洲学术界，在无障碍设计的基础之上，开始探讨更进一步为更广泛人群服务的人机工程学（Ergonomics）。人机工程学对人体结构和机能特征进行研究，并根据人的生理特点来设计产品和操作系统，以提升工作效率和使用舒适性。瑞典著名的人机工程小组（Ergonomic group）为此做了大量的努力，这一设计研究和实践机构认为，具有身体机能限制的群体，

---

① James Gordon Finlayson. Harbermas: A Very Short Introduction[M]. Oxford University Press, 2005, Britain, 111.

其局限性和特殊需求为设计本身提供了重要参考。研究并参照残障群体，将惠及更广大的消费者。为支持这一理论，人机工程小组提出了"用户金字塔"的概念（图1-1）。同时，也是将具有人文关怀的设计，从仅仅局限于特定人群向着普及大众群体的一种努力。在技术上的进步也同时结合了艺术上的变化，功能主义设计风格几乎是在同一时间蓬勃发展，其具有实用功能主导的简约性，以及在北欧地区展现出富有民族特色的艺术化处理。技术理论以及艺术风格两者的结合奠定了新的设计理念诞生的基础。人机工程学在欧洲、北美以及日本获得了长足的发展，其在美国被称为"人类工程学"（Human Engineering），在日本被称为"人间工学"。在这一理论指导下，各国开展了一系列对于人体机能的测试与探索，对于如何将人、物体、环境作为一个整体考虑，进行协同设计从而提升工作效率、减缓劳动负荷，并帮助部分身体受限制机能的人士顺利使用不同产品，在他们的工作生活中起到了很重要的作用。在工业设计这一学科门类中，人机工程学也成为设计师在从事设计活动中时常需要重点考虑的方向。

当然，在社会快速发展的20世纪，技术的推进和资金投入也同样改善了边缘群体的境况，这在医疗和复健领域尤为明显，但这一模式的局限性近年来却越发明显。作家拉梅

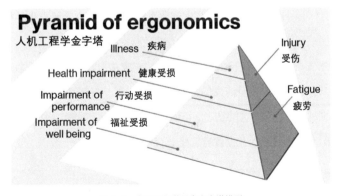

图1-1 人机工程学用户金字塔模型

资料来源：Ergonomics: getting ahead of the game, https://www.captechu.edu/blog/ergonomics-and-exercise-getting-ahead-of-game

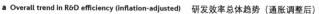

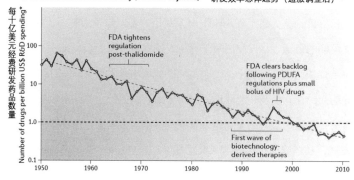

图1-2 医疗界投入产出的反向摩尔定律

资料来源：Dan Elton, Moore's law—Kurzweil vs. Thiel

兹·纳姆（Ramez Naam）提出了反向摩尔定律（Eroom's Law，图1-2），用来描述医疗投入产出比的不断下滑。计算机领域的摩尔定律（Moore's Law）定义是：每经过18—24个月，随着计算机处理器性能的提升，其本身的运算能力就将翻倍，或者换言之，同等价格可以购买到的运算能力将翻倍，这被用来描述计算机的性能发展始终在快速提高。而与之相反，纳姆发现医药领域每一美元投入和产出新药的比率在过去60年间不断下降，如今只有最初的约1%。这一方面是因为比较容易攻克的医疗问题大多已经被解决，留下来的往往是难以攻克的疑难杂症；另一方面也是因为医疗行业涉及的政府行政、医务管理、广告营销等大为提升了产品平均成本[①]。这说明了仅仅依靠产业投资，在技术上以及在设施设备上的投入，其对社会群体的帮助会随着产业本身的发展越来越趋于低效。在产业投资与技术发展之外，设计的作用正在越来越显现出来。加拿大的一项研究指出，对人们健康造成影响的最重要因素往往并不是医疗的介入，而是幼儿期营养、受教育程度、当前职业、收入、居住条件等综合作

---

① 魏伯乐，安德斯·维杰克曼. 翻转极限：生态文明的觉醒之路 [M]. 程一恒，译. 上海，同济大学出版社，2018：113.

用①。而这些综合因素本身，又与日常的设计息息相关。

今天当我们谈到为残障人士、弱势群体做设计的时候，往往首先想到无障碍设计。实际上近些年在全球范围内兴起的设计思潮，是不再单独为特殊人群进行设计，而是将他们包容进我们日常的设计之中。通用设计、包容性设计、跨代设计、民主设计等概念分别在不同时期、不同国家和地区出现并推行。作为本文主要论述的对象，全适性设计（Design for All）这一理念在20世纪70年代逐渐被提出和成型，在北欧地区开展研究和实践的同时，也被引入欧洲大陆，直到90年代被正式定义和命名。其起源于50年代斯堪的纳维亚功能主义和60年代人体工程学设计。此外，也是由于北欧福利政策这样一种社会政治背景，使得瑞典在60年代后期诞生了"全民社会"这样一种首先考虑无障碍的理念。这一理念经过简化后被纳入联合国大会于1993年12月通过的《联合国残疾人机会均等标准规则》之中。这一标准规则对于简单的平等意义上的"无障碍"的重视，激发了"全适性设计"思想的发展。2004年，欧洲设计与残疾研究所（EIDD）在斯德哥尔摩年会上通过的宣言，标志着全适性设计的诞生。经过多年的发展，在更名为欧洲全适性设计协会（Design for All Europe）后，其目前已经在23个国家有了44个会员组织。在过去的20多年里，全适性设计在欧洲获得了极大的发展，包括各国政府与商业界对此极为重视，由于其所涵盖的范围广泛，因此在产品设计、环境设计、公共服务以及智能化设计等生活中的各个方面都能够看到全适性设计的身影。全适性设计和规划正越来越多地被人们认为是可持续性发展战略中不可或缺的要素。

对于社会整体公平公正的追求和对于弱势群体的关怀，是今天中国社会所关注的一个重要主题。坚持在发展中保障和改善民生，推动高质量发展，防止两极分化并实现共同富裕，是今天社会发展的重要目标。中国社会在改革开放几十年的经济高速发展阶段，产生了相对富裕的阶层以及中产阶层，但同时也导致了较为严重的贫富分化现象以及随之而来的社会问

---

① 托尼·弗赖，克莱夫·迪尔诺特，苏珊·斯图尔特. 设计与历史的质疑 [M]. 赵泉泉，张黎，译. 南京：江苏凤凰美术出版社，2020：157.

题，社会边缘群体和弱势群体急需从社会整体发展中获利，使他们也能够参与社会发展的公共领域中。设计在其中起到的作用尤为突出，因为设计创造的是一个人为的世界，而此世界是一个"适应性系统"。设计也就是以一定的目的、一定的方式来达到与客观条件和内部关系相适应的人为适应性系统①。如何让设计作为一个适应性系统更好地适合多元化与全球化时代的不同利益相关者群体，是目前设计界所面临的一个关键问题。

---

① 柳冠中.事理学方法论 [M].上海：上海人民美术出版社，2019：78.

1.2 选题目的及意义

设计史学家在研究中往往忽视的是：设计本身能够作为事物、过程、系统、社会结构、建筑形式和环境的生成和应用，当它们汇集在一起还会构成人类创造的"世界中的世界"（world-within-the-world）当中不平衡和不公平的权力分配机制，（在其内部）构成设计的本体论力量。这是因为我们虽然存在于客观的物理世界中，但我们也存在于我们通过设计所构建的世界中[①]。如何消除或至少减少设计所构建世界中的不平等，是当前设计所要应对的重要任务。虽然这也是设计评论家维克多·J. 帕帕内克（Victor J. Papanek）在20世纪70年代就已经提出的观点，但是可惜的是在消费主义与享乐主义盛行之下，50年过去后的今天，这一问题仍然没能得到解决，甚而愈演愈烈。设计界试图从方法入手，通过具体的数据约束或标准化规定，以"无障碍化""可持续性""人机功效"等方式，化解这种设计所构建出的不平等，将所谓"世界中的世界"内部的权力分配扁平化。这些努力起到了一定的效果，但其同时也是碎片化的，有些则困于特定领域无法推广。

全适性设计作为一个带有理想主义色彩的设计理念，起源于北欧，在西方世界已经历了多年的发展。在这一时间段内，全适性设计概念逐渐深入人心，其代表着人们对多元文化和社会公平的追求。全适性设计的愿景是一个人人都可以参与并获得高质量生活的世界，不论一个人的身体情况与所掌握的技能，其都应该可以使用不同的产品、服务以及空间环境。或者更具体和直接地来说，全适性设计是从有着特殊需求的人士出发，设计出能够让他们得心应手顺利使用的产品或环境。而一旦某一设计能够为这些边缘的特殊人群所使用，那可以想见，更广大的用户群体也将能更好地应用这一设计。但是，基于目前已知的研究，全适性设计更多的仅仅只是作为一种设计方法或理念，在指导实践设计的过程中发挥作用，而本文认为其所具备的普适性与包容性可以被总结为一种创新设计思维，并作为指导思想应用到不同的领域。本课题研究的主要目的之一就在于对"全适性设计"这一

---

① 托尼·弗赖，克莱夫·迪尔诺特，苏珊·斯图尔特. 设计与历史的质疑 [M]. 赵泉泉，张黎，译. 南京：江苏凤凰美术出版社，2020: 5.

西方提出的概念进行再一次的梳理，对"全适性"思维的创造性做进一步理论推理并在实践方法层面进行构建。

另外，在这一概念的本土化方面，全适性设计的思维在本质上与中国传统思想中的"天人合一""和合共生""共融""仁爱""博爱""兼爱"等内容相契合。这些思想在儒、释、道诸家学说中都有相关论述，说明全适性的概念在中国也并非无根之木。习近平总书记在"领导人气候峰会"上的讲话指出："中华文明历来崇尚天人合一、道法自然，追求人与自然和谐共生。"①天人合一的宇宙观强调人与自然、人与社会的和谐共存，而对各个多元群体的适应，正是这一思想在当代的体现之一。而"博爱""兼爱"等思想，以及儒家"仁者爱人"的理念，则包含了对于弱势群体的伦理关怀。习近平总书记所指出的创新、协调、绿色、开放、共享的新发展理念已经获得了广泛的认可，其顺应时代潮流并且符合我国国情，指明了我国长期发展思路和发展方向②。这一理念同样注重解决发展不平衡问题、社会公平公正问题，以此作为引领，设计同样能够协调人与外部客观存在之间的关系。当代中国社会快速发展所带来的社会多元化问题、老龄化问题等，从设计的角度也需要有具体的创新应对。鉴于国内目前对此类具有普适性的创新设计理念研究的缺乏，本课题的研究希望弥补这方面的缺失，从理论层面推动其在国内的进一步发展。本课题的目的同样在于探索"全适性设计"的本土化语言和试图提出符合当今设计驱动式创新发展的"中国观点"。

在选题的意义方面，首先是进一步推进全适性设计理论及思维与方法的发展。

正如雅克·德里达所说"世界是一个文本"，我们可以进一步地指出"这个文本是被设计过的"③。如果我们将设计定义为一种行动（act），那指导这一行动的逻辑则是一种思维（thinking），只有从思维层次入手，才可以直面设计的重要性和创造机制。本课题

---

① 习近平. 共同构建人与自然生命共同体：在"领导人气候峰会"上的讲话 [R].（2021-04-22）.
② 习近平. 把握新发展阶段，贯彻新发展理念，构建新发展格局 [J]. 求是，2021（04）.
③ Simon Glendinning, Derrida: A Very Short Introduction[M]. Oxford University Press, 2011, Britain, 75.

全适性设计：共享理念下的产品设计

将在西方社会更多地表现在方法上的全适性设计概念，做设计思维层面的推进。而在设计实践方面，包容更多边缘用户群体的市场，在经济逐渐发展以及国家完成真正工业化的未来将是一个巨大的市场。谁是特殊用户群体？可以说我们每个人都有着特殊的需求，只不过表现在不同的方面。以包容和通用的思想来指导具体的设计实践，能够适应最广泛人群的设计思维与方法必然有着广阔的前景。全适性的思想也将在未来，在不同领域的理论与实践中得到发展。正是基于上述的研究目的，本课题的论述在方法层面展开具有其现实的意义。

选题的另一个意义是为中国设计驱动创新发展的路径提供新的思维与方法。

《国家创新驱动发展战略纲要》要求设计作为一种开放式的全面创新，为将我国建设成科技创新强国，实现民族伟大复兴提供强大支撑。罗伯托·维甘提（Roberto Verganti）在其著作《第三种创新》中，提出了"设计驱动创新"的理念。对产品内在意义的创新和对产品技术的创新相似，都是颠覆式的创新[1]。在当前中国社会，应用全适性思维进行指导的设计实例较为缺乏，也即是缺少这一理念在国内的应用实践。在研究全适性设计理念的本土化以及商业化的过程中，缺乏具体的实际设计案例将不利于研究本身的推进。为应对此问题，希望在教学和设计活动中，尽可能应用全适性设计的方法，取得相应的成果。在需要进行全适性测试的环节，缺乏接受过培训的用户测试人员。关于这一点希望能通过多进行相关测试活动来进行培养。最后，作为一种设计创新思维，本课题也可以为当前的设计教育提供一定的新思路。在科学技术高速发展，社会组织形态发生变化的当下，设计学科以及设计教育面临的挑战是巨大的。

---

① 罗伯托·维甘提.第三种创新 [M].戴莎，译.北京：中国人民大学出版社，2013：55.

1.3 研究现状及文献综述

全适性设计的研究现状，是在无障碍设计和人机工程学的基础上发展而来，这一课题的逐渐形成和发展，主要在瑞典以及北欧国家。与此同时，具有人文关怀及普适性包容性的多种设计概念，也在同一时期的各国逐渐发展推广。

国外的研究现状，主要以欧美的发展为主。全适性设计的理念在20世纪70年代被提出并逐渐获得研究，在北欧地区开展研究和实践的同时，也被引入欧洲大陆，直到90年代被正式定义和命名。同时，相关的研究组织和学术体系也被建立起来，开始有效地运作。全适性设计早期的研究者，很多都源自人机工程学研究领域，例如丹麦的卡林·本迪克森（Karin Bendixen）以及瑞典的玛丽亚·本克兹恩（Maria Benktzon）等人。本克兹恩是原瑞典人机工程小组（Ergonomidesign）的成员。他们共同撰写的《全适性设计在斯堪的纳维亚——一个重要理念》（Design for All in Scandinavia—A Strong Concept），对全适性设计在北欧地区的发展现状进行了较为细致的整理归纳。Benktzon还提出了用户金字塔模型（图1-3），将身体机能受限的用户群体以及他们在设计过程中起到的作用进行描述，是相关设计理念所经常引用的重要观点。

在这一理念发展的过程中，很多研究机构和高校参与了进来，例如瑞典残障研究中心

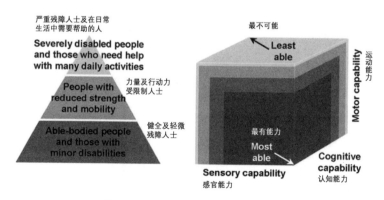

图1-3 Benktzon 提出的用户金字塔模型

资料来源：Benktzon, Designing for our future selves: the Swedish experience. Applied
Ergonomics,1993.

（Swedish Handicap Institute），近年来发表了多篇相关的研究论文，具代表性的有《用户角度的全适性产品和服务为认知障碍人士的居家生活提供便利》（DfA Products and Services from a User Perspective to Facilitate Life at Home for People with Cognitive Impairments），其描述了一个为期三年的全适性实验项目。这一理念的代表性学者还包括瑞典中部大学的莉娜·洛伦岑（Lena Lorentzen）教授，其观点认为全适性设计应当作为一种系统性的设计理念应用到包括建筑设计、产品设计等各个领域。

在过去的几十年里，全适性设计在欧洲获得了极大的发展，包括各国政府与商业界都对此极为重视，由于其所涵盖的范围广泛，因此在产品设计、环境设计、公共服务以及智能化设计等生活中的各个方面都能够看到全适性设计的身影。欧洲设计与残疾研究所［European Institute for Design and Disability（EIDD）］，其所致力推进的EIDD-Design for All网络，作为一个在全欧洲范围内推广全适性设计的组织架构，于1993年在爱尔兰的都柏林成立。其主要目标是鼓励对全适性设计理论和实践感兴趣的专业人士之间的积极互动和沟通。在具体的工作细节上，这一组织积极推动了欧洲各国（目前也发展到欧洲以外区域，但进展还不多）在全适性设计这一课题上的合作，包括建立欧洲范围内的合作网络，定期召开学术会议交流研究成果，进行与课题相关的研究和实践项目开发，以及在欧盟层面寻求联合项目的融资机会等。欧洲的全适性设计协会于2004年成立，其目前已经在23个国家有了44个会员组织。

欧洲各国多所高校开设有专门的全适性设计专业方向与课程，有些还建有全适性设计研究所，例如丹麦皇家美术学院、瑞典中部大学、意大利基耶帝佩斯卡拉大学、热那亚大学、挪威奥斯陆建筑与设计学院、波兰波兹南大学、西班牙哈恩大学等。这些高校、研究所以及研究人员，通过EIDD的学术网络链接，共同推动这一课题的研究和项目实践。其同时获得了欧盟基金以及各国政府的支持，有着将研究成果付诸实际项目的可能。例如2014年，瑞典Sollefteå市的城市公共区域全适性设计评估改造项目，将测试人员、用户、研究人员、设计师、市政工作人员一块纳入整个项目的进程中，通过评估和改造，提升了这个瑞典北部小城的公共区域的使用体验，是一个成功的案例。与此同时，将全适性设计的理念应用于商业开发也取得了相应的成果：辉瑞制药、沃尔沃汽车、利乐包装等大型企业，在其产品开发过程中均引入这一理念，并与相关研究人员合作进行产品测试和收集用户反馈等工作。本人多年来对于全适性设计概念的研究以及主导参与过多项全适性设计项目，累计有瑞典Sollefteå市公共空间全适性评估项目、瑞典Sundsvall市政商业区全适性改造项目、全适性设计网上测试系统等。

而与"全适性设计"相近相关的设计理念，在同时期的世界各地也开始逐渐发展起来。其共同的特点是关注设计的人文关怀，并试图将更多的用户群体，尤其是边缘群体，通过设计整合，满足其对公平公正参与社会生活的需求。这些相关的设计理念，其特点以及与全适性设计的区别，在正文中会详细阐述，在此仅仅列出主要的几种及相应的代表性研究。

通用设计（Universal Design）的概念，由美国北卡罗来纳州立大学的罗纳德·梅斯（Ronald Mace）教授在1974年的国际残障者生活环境专家会议上首次提出。在20世纪90年代中期，罗纳德·梅斯与一群设计师为"全民设计"制定了包括公平使用和简单直观等在内的七项原则。随后通用设计在美国取得了长足的发展并在世界范围输出其影响力。通用设计的理论和实践类书籍较多，不仅仅局限在美国，比如欧洲学者奥利弗·赫维格（Oliver Herwig）著有《通用设计》（*Universal Design*）等书论述通用设计。

包容性设计（Inclusive Design）理念主要发展于英国，并且在传统英联邦国家有一定的分布，剑桥大学工程设计中心作为包容性设计的主要推广机构，在过去几十年间做了大量的工作。剑桥大学的约翰·克拉克森（John Clarkson）和西米恩·基特斯（Simeon Keates）提出了包容性设计立方体（inclusive design cube）模型，以解释这一理念的含义。自1997年起，英国工程和物质科学研究理事会（Engineering and Physical Science Research Council，EPSRC）资助了34个跨学科研究项目和5个多学科合作联盟来推广普及包容性设计的概念。其项目和整体计划非常值得全适性研究领域的参考和借鉴。罗杰·科尔曼（Roger Coleman）等人撰写的《包容性设计：无障碍创新性及用户中心设计的实用指南》（*Design for Inclusivity: a Practical Guide to Accessible, Innovative and User-centered Design* ）一书，较为全面地介绍了设计的包容性研究。约翰·克拉克森和罗杰·科尔曼的著作《包容性设计：为全体人民设计》（ *Inclusive Design: Design for the whole population* ）一书，他们两人还共同撰写了《英国包容性设计史》（ *History of Inclusive Design in the UK* ）一书，梳理了包容性设计在英国发展的历史。剑桥大学的约翰·克拉克森等人提出了"反设计排斥"的理念（ Countering Design Exclusive ），认为产品的使用要求超过用户的实际能力时，会产生设计排斥，而反设计排斥则是使得"产品使用者的能力与终端用户的能力相匹配"，这也正是包容性设计的主旨。

在日本，相类似概念为感性工学。日本广岛大学工学部的科研人员，最早于1970年将感性分析导入工学研究的领域。广岛大学工学部的长町三生以及相关研究人员，将居住者的情绪需求融入住宅的设计之中。经过这之后长达近20年的研究，自1989年开始，长町三生发表了一系列关于感性工学的论文和著作。这些研究结合了工程学、设计学、心理学和脑科学等多个领域的成果，成为日本较早的跨学科领域研究案例。在这之后日本成立了"日本感性工学学会"，并且多次举办感性工学的学术研讨会，同时这一学会也有大量包括与产业结合的研究成果问世[①]。我们今天能够看到包括丰田、马自达等汽车产业相关设计以及日本的相当一部分日用产品设计中都融入了感性工学的成果和理念。

这些设计概念之间的关系和异同，也是研究者关注的一个方面，由H. 佩尔森（H. Persson）等人撰写的论文，《通用设计、包容性设计、可及性设计、全适性设计：殊途同归？——从历史、方法及哲学层面的分析》（ Universal design, inclusive design, accessible design, Design for All: different concepts—one goal? On the concept of accessibility—historical, methodological and philosophical aspects ）对这几个常见的概念进行了比较分析。在这篇论文中，佩尔森认为这些相关概念有着相似的最终目标，但在方法、发展历程以及指导思想层面

---

① 李立新. 感性工学：一门新学科的诞生 [J]. 艺术·生活，2006（03）.

各有区别。佩尔森所提及的相似的最终目标，指的是对人的关注，并且将对尽可能多的群体包容性列为设计的终极目标。在这个过程中，这几项设计概念有着不同的操作手法，基于价值观方面的微小差异，其方法也各不相同。

国内对于全适性设计概念的研究目前并不多，王受之教授较早引入"Design for All"这一名词并对其作出较概括的论述（他将这一概念称作全设计）。与之相对应的，国内对无障碍设计以及通用设计的引入较早并有着具体的研究和应用实例。同时，对于"Design for All"这一理念在发展过程中有着重要影响的设计概念：人机工程学，也在国内得到了一定的研究和传播。很多高校的工业产品设计专业开设了人机工程学的课程，相关的学术著作和研究性论文也较多，如丁玉兰的《人机工程学》一书，就时常被选为高校的课程教材。北方工业大学刘永翔教授所撰写的《物尽其用——设计方法之通用设计》一书，较为详细地介绍了通用设计，并且对于这一设计概念在中国的应用和发展做出了对应的思考。同济大学董华教授，主导了同济大学的包容性设计研究中心，其研究团队多年来致力于包容性设计在中国的研究，有多个项目实践并发表了一系列研究论文。董华教授编写出版的《包容性设计：中国档案》一书，全面系统地介绍了包容性设计在国内的实践和研究。

但是，就"Design for All"本身，国内的介绍较为零散和不专业，也缺乏深入的研究和实践。对这一名词，相关的翻译就有很多种，例如"设计为人人""全民设计""为所有人设计""全纳设计"等，往往会引发歧义，造成混乱。本文将"Design for All"翻译为"全适性设计"，考虑到其重点强调的用户需求与设计之间的相适性，以及对特殊需求群体的包容性，结合英文原文的字面含义进行了翻译。同时，通过撰写发表多篇学术论文，明确定义这一设计专用名词并希望在国内推广和普及。

在知网进行中文文献的检索，对全适性设计以及相关的设计概念进行检索，可以获得过去多年以来相关领域的国内研究成果，能够作为重要的参考。

全适性设计虽然在海外尤其是北欧地区并不是一个新鲜的课题，但是在国内对这一概念的引进介绍和归纳总结还并不是很完善，相关的著作和研究成果也乏善可陈，尤其是结合中国设计的相应实践以及从理论层面对具体设计进行的指导。但是，与此同时，其他一些涉及人文关怀的设计理念，例如无障碍设计，通用设计等在国内已经开始传播和进行研究实践。对此，本文认为有必要将全适性设计这一理念，包括起源、发展脉络、主要的原则和方法进行完整的论述和介绍，以便相关领域的研究者可以进行对照和深入探索。另外，目前国际上对这一理念的应用，主要还停留在具体设计方法和手段上，缺乏将其提升到理论层面的努力。而这也正是本文需要进行拓展的关键点和挑战所在。

本人已发表多篇中文全适性设计研究论文，如《充满理想主义色彩的设计理念——全适性设计》《全适性设计语境下的测试》《全适性设计中的通感与联觉》《北欧社会的设计伦理与关怀发展》等，并有多年的相关课程教学与设计实践。以上经验的积累让本人具有一定的研究经历，对研究方法有一定的认知，并且对实践设计项目有相应的心得和理解，能对全适性设计做出有针对性的剖析和阐述。

1.4　研究内容与方法

全适性设计的根源最早可以追溯到20世纪早期北欧的设计伦理研究与社会福利实践，这一课题随着设计学科的进步以及技术的发展逐渐完善，在20世纪中后期逐渐被用于指导具体的设计实践，并形成了一套自身的原则和方法。但是，其缺乏作为一种普遍规律性理论的归纳，也较少作为一种创新思维在不同设计学科之间进行推展性的延伸。这一概念与中国传统的"和合共生""博爱"等思想类似，又和当下我国所提出的"创新、协调、绿色、开放、共享"的新发展理念相通，在被引入国内之后，如何与中国设计的实践相结合，也是一个亟须探讨的课题。

本论文基于研究路径的整体结构主要分为以下部分：理论基础及概念界定、概念的思维方式、路径及方法研究、理论模型的构建、实验及测试等应用实证。对于论文结构这五个主要部分的概括性阐述如下：

（1）对于"全适性"这一名词的概念界定以及其理论基础研究。这一部分主要从设计伦理的角度出发，以历史发展为着眼点，梳理全适性设计概念形成的过程。对于西方工业化发展过程中，社会边缘群体被设计排斥所带来的危机，探究其根源；对于国际上具有人文关怀的设计概念兴起做简单概括。从中国传统文化中的包容性与普适性来理解"全适性"在中国的土壤。从全维度的概念来解释这一名词的广泛性，其研究范畴从特定性到普适性，对于社会的多元化和老龄化都有着独到的见解。同时，对于共享理念在全适性设计中的阐述，其在政治学、社会学和心理学中都具有重要的意义。

（2）设计活动中全适性思维方式的形成：特点、概念辨析、核心点以及基本要素，进而推导出基于共享的全适性创新思维在不同领域的延伸，包括学习、医疗复建以及认知领域等。在技术的辅助之下，全适性思维可以对设计有着多样性的解决方案。然后是对全适性思维的展望与反思。在全球一体化与构建人类命运共同体的当下，全适性创新思维有着重要的意义，面对国际社会的保守与收缩，共享与普适才是更好的应对之道。同时，作为对这一思维的反思，也对当前这一领域研究与实践的局限性作出说明。

（3）在多年的发展中，全适性设计形成了自身的主要原则与研究方法。这一部分主要是对这些原则和方法的说明，同时也涉及在这一过程中设计师与用户身份的互换和协同，对于反馈的收集与分析机制等。在这部分内容中，由于中外文化背景的不同，相应的研究方法、对于反馈的合理采用等或将根据国内的实际情况做出调整。

（4）在上述研究的基础之上，构建全适性设计的共享理论模型。从早期的伦理学背景入手，由无障碍到共享机制的转变，从设计维度、情感维度、伦理维度这三个不同变量来构建这一理论模型。在将社会边缘群体包容并使其共享社会发展成果的目标之下，实现推动社会内生增长的成果。

（5）对于实验及测试等应用实证的记录。这部分包含了笔者在国内外所参与的几个全适性设计相关项目，包括有瑞典Solleftea市公共空间全适性评估项目、瑞典Sundsvall市政商业区全适性改造项目、全适性设计网上测试系统、苏州市主要商业空间全适性评估等。同时，也介绍了通过模拟性实验，将全适性思维用于高校教学的实践。

在研究方法上，有多种路径，例如定性研究、定量研究、现象学研究和应用研究、实验性研究、调查研究等。其中还涉及设计的"本体论"与"认知论"研究；从应用的角度又分为以造物为基础的实践创意方向与引导对设计理解的理论思维方向。从选题背景及来源可知，目前，全世界范围内，应对老龄化社会、多元化社会，以及推进具有人文关怀的设计和创新方面，各国均做出了相应的改革和思考，相关的设计概念存在于不同的设计理论和设计实践中。虽然各国提出的概念不尽相同，但是其发展的趋势则是一致的。而中国目前在相关领域的研究更多的还局限于无障碍设计的范畴，急需通过对这一领域的深入研究，来推动适应社会经济发展的创新实践。同时，对于全适性设计这一概念，目前的研究还更多着眼于设计方法，虽然有着具有指导性和较强操作性的方法依据，但是较少上升到思维层面，实则全适性的思维或可指导不限于设计范畴的不同领域。本文研究也试图通过对全适性这一概念以及其外延所能够触及的不同学科进行探索，尝试从一种创新思维的角度对其进行论述。

在具体的研究方法上，主要包括：①文献整理研究，从设计学研究的角度考察全适性概念相关文献记载和研究，考察其设计理想、方法论与技术标准等内容，并综合评价其对各国设计的长期影响。此部分的研究方法主要是文献调查法和归纳总结法等。②信息分析研究，主要是通过对不同渠道获取的多种信息进行分析探讨，保持对相关领域研究的前沿认知。其中相关信息的来源可能会较为复杂多样，包括有专业的学术会议讲座，实践项目的第一手资料来源，但同时也有网络信息等需要认真提炼筛选的内容。之所以保留多渠道信息来源，也是为了保证本研究交叉引用过程的"三角互证"，将各种数据资料汇总到一起进行参考辨析。③实例与综合研究，对典型设计实例进行分类剖析，发现本设计理念对其产生影响的关联性，有针对性的阐述其重要作用。此部分可通过访谈、观察、实地走访等方式收集信息，也可说是田野调查方法的应用。④比较研究，考察不同国家地区不同时期人文关怀设计的不同形式，比较其背后蕴含的本质思维异同，并借以探讨适合本土发展的相关设计概念。此部分同样采用分析归纳法并结合设计人类学方法。⑤实验论证研究，通过设计具体的实验操作及设计测试系统，在应用研究的角度对全适性设计思维进行验证。设计思维理论研究是一个比较新的领域，在课题开展的过程中，采用"多方法研究"或称"混合方法研究"，有利于综合不同证据来源，并且更积极全面的多方验证这一方法。

在本论文撰写的过程中，有相当多的理论内容需要通过文献研究来获得。而文献查阅的范围首先是在全适性设计这一理念的相关资料。北欧自二战以后逐渐开始形成的实用主义设计与社会福利化相结合，在这一过程中积累了大量的经验。而直至全适性设计这一概念正式诞生，其后在北欧地区有较多对这一设计概念的文献可供查阅。灵活利用搜索引擎对相关文献进行搜索，搜索Design for All这一词条，可获得较多文章及相关内容，但北欧各国均使用本国文字作为母语，故仍有相当多的资料并不在英文搜索范围之内，因此可以尝试采用北欧诸国本土搜索引擎查阅，如瑞典www.eniro.se搜索网站等。另外，欧洲的一些设计类杂志如德国的*Form*等，也会有论及全适性设计的文章可供查阅。欧洲全适性设计协会多年来致力于在欧洲推广和普及全适性设计的概念，该组织会员众多，在其网页及众成员国协会网页亦可搜集到一定资料。该组织不定期举行年会及学术会议，参与者发表的相关学术性论文均被记录，可供参考。另外，欧洲全适性设计协会与欧洲各组织机构及政府部门也会举行设计实践和实验性的活动，对于本课题的研究也具有启发意义。文献查阅的范围也会扩大到与全适性设计相类似的设计概念。如通用设计在美国经过多年的发展，已经累积了大量的研究文献，通过谷歌、必应等搜索引擎可以获得相关资料。通用设计的原则及理论研究类书籍，通过海外代购等方式也能获得。其他如包容设计和感性工学等理论的研究资料亦同理。中国国内文献方面，通过知网等网站搜索，可以找到与无障碍设计及部分通用设计的相关文献。另外，在社会学范畴搜索相应资料，如中国社会老龄化以及当前中国社会对残障人士的相应保障法规等，此类社会公共资源的应用现状对本课题的研究具有重要意义。

表 1-1　全文结构

第一部分	问题来源及基础
来源及理论基础	
西方的设计伦理 → 中国传统文化中的包容性	
全适性设计的概念和研究范畴	

第二部分	创新思维形成
思维方式	
在设计活动中形成的思维 ↓ 创新思维在不同领域的延伸 ↓ 多样化与个性化的平衡 ↓ 展望与反思	

第三部分	原则及方法
研究路径及方法	
设计师与用户的协同　　　主要原则　　　全适性设计的方法 （身份认同及反馈机制）　　　　　　　（七个流程）	

第四部分	价值与验证
全适性思维的价值	
共享全适性　设计维度、伦理维度与情感维度的构成	
价值的验证 （老龄化、少子化与多元化的可及性案例）	

第五部分	实践分析
应用实证	
模拟性实验　　全适性测试系统　　用户参与性实验 （可用于教学）　　（线上及线下）	

1.5 本研究的创新点

本研究创新点主要有以下四个方面：

1. 将"Design for All"这一名词，翻译为"全适性设计"。

统筹了"设计为人人""全民设计""为所有人设计""全纳设计"等不同的翻译，着重梳理了"全适性设计"与相关设计概念之间的表述关系，主要有通用设计、无障碍设计、包容性设计、感性工学等。

长期以来"Design for All"这一名词在国内的翻译就较为混乱，这也是由于该设计理念并未在国内得到系统性的介绍和研究。上文提到的翻译方法，出现在不同的研究和文章中，极易引发歧义，有些研究者或将不同的翻译误认为多个不同的设计概念，有鉴于此，希望通过"全适性设计"这一翻译，解决这一问题。

安德烈·勒菲弗尔（Andre Lefevere）和苏珊·巴斯内特（Susan Bassnett）在《翻译、历史与文化》论文集提出了翻译研究的"文化转向"（cultural turn）概念。这一概念认为翻译所关注的不仅仅是语言的问题，而是要在更高层次的历史与文化视角下进行相对应的讨论。通过对于"全适性设计"的翻译，试图在中文语境下展现这一名词的文化特质，"Design for All"虽然为英语词汇，但是作为一个简单词组，在以拉丁语为基础的西方语言体系下具有共通的识别度，欧洲各国不同语言的使用者都能够轻松的读懂，这本身也是全适性的一种体现。相对于西方拉丁语系，中文翻译在表达上还要注重专业性和辨识度，通过这一翻译，将中国的"共享"理念以及中国人耳熟能详的"为人民服务"的概念纳入进去，并将通用设计、无障碍设计、包容性设计等概念纳入"全适"的概念中去，使它们成为"全适性设计"的实现路径，通过"全适"的概念进行统筹，形成一个新的系统。并且考虑西方与东方不同文化中的"共情"，达成"和合共生"，推进了西方提出的这一理论的完善。

2. 构建了全适性设计的理论框架并强调设计思维的创新。

这一框架包括思维、伦理、协同、普适4个不可分割的概念，通过这一框架研究不同用户群体与设计师及相关机构之间的协作关系，将原本更强调方法的设计理念，归纳为一种设计创新思维，并应用于指导不同领域的创意工作。而这一创新思维，也更多地考虑到所谓全适性的多维度解读，在不同的文化维度和设计维度语境下，解释设计创意活动的体系化呈现。当然，这一理论框架的提出是建立在整个全适性设计的课题发展之上，建立在前人研究的基础之上的。而在方法与实践层面，将全适性这一理念与中国设计的实际相结合，将其方法论用于指导设计实例同样是一种创新。希望提出全适性设计创新思维，并且通过设计实例，证实其对于传统设计体系的改进作用。

3. 全适性设计的原则修订。

设计原则因社会、文化、经济、技术和教育的发展而改变，过去的设计通常由一个人独立作业，或单一领域的团队合作，这已不足以应付现在设计所面对的复杂因素问题。因此，全适性设计采用的是团队及跨领域合作，参与式设计模式，是包括所有利益相关者，诸如设计者、合作伙伴、公司机构、社区民众以及特殊用户的参与合作，确保能够满足所有利益相关者的需要。为保证设计的有效性，根据全适性设计协同、沟通方法，本文修订了四个必须遵守的原则。

4. 全适性设计创新价值的验证。

全适性设计的创新是否具有价值，需要进行验证，对这一价值的验证是从两个方面展开的，一是全适性价值的设计逻辑验证，二是全适性价值的设计实践检验。通过逻辑与实践的检验，证明全适性设计的创新价值和意义，这也是本文的一个重要创新之处。

第二章 "全适性"的理论基础及概念界定

2.1 西方设计理论发展的伦理要求

工业化时代的设计，在机器制造和批量化生产的过程中出现了诸多问题，使得新一代的设计师们产生了迷思。对于工业化所带来的弊端，即使是当时的人们也有着直观的认知。社会活动家与设计师共同开启了对设计伦理的讨论。随着社会保障的福利模式与设计保障的功能主义和无障碍设计的推行，边缘群体是否就能参与进当今的社会实现社会生活的平等呢？

2.1.1 工业生产的时代与被边缘化的人群

生活在工业化的现代社会，设计的一个本质特征便是其无处不在。设计深度参与了人类社会的发展，同时也参与构建了人类社会的不平衡。设计同时也指导着我们的生存方式：我们在设计的指导下观察，在设计的指导下行动甚至在设计的指导下思考——设计定义了我们本身。也正因如此，我们必须正视设计所带来的负面影响，因为这已经深入影响了我们每个人的日常生活和长远的思维认知。

"物竞天择，适者生存。"——100多年前，严复在翻译赫胥黎《进化论与伦理学》（*Evolution and Ethics and other Essays*）一书时，将达尔文的进化论观点概括为这句如今我们都耳熟能详的名句。他认为自然界优胜劣汰的法则同样适用于人类社会。而在科技文明高度发达的今天，我们身边的所谓"弱者"：残障人士、老年人、儿童、孕妇等弱势群体，是否仍要参与残酷的竞争？他们是否能像其他人一样享有社会快速发展所带来的便利呢？

严复在翻译进化论时，对于"Evolution"的阐释实际上并不是很准确，"Evolution"严格来说并不是"进化"，而是"演化"，即可能在某些方面是"进化"，某些方面却是"退化"，还有一些中性的变化，短期效果难以由环境直接选择出来。

工业革命是一场发明革命，也是一次技术的变革，不仅发明数量激增，同时发明过程本身也发生根本性转变。在工业革命对于设计的影响方面，一般认为工业革命使设计活动更加专业化。第一次工业革命以及第二次工业革命带来了工业批量化生产，使得设计与生产相分离，为企业带来了明确的专业化分工，更好地促进了企业的市场竞争力。作为早期实践者，18世纪的英国实业家博尔顿在他的索霍工厂引进了以机械化为主的大规模生产。1773年，他在索霍安装了第一部实验性的蒸汽机，瓦特为此专门进行了两年的调试工作。专业化的分工，使其可以通过建立一支高水平的设计队伍保证了生产部门的中高水准也保证了产品的艺术性使得该公司的产品出类拔萃。工业文明所带来的便利性不言而喻，工业文明所创造的制成品，为整个社会提供了巨大的财富，同时也为很多独立的个体提供了更多的选择，更多的舒适便捷。另外，由工业文明的技术所推动的经济快速发展，同样带来了惊人的社会化代价。很多人开始意识到工业社会所存在的各种问题及弊端，而这些问题已经开始威胁到人类作为一个整体的生存状态。从工业文明向生态文明转变的过程中，在设计的角度上，我们看到很多新的概念的形成，绿色设计、可持续设计、生态设计等。这在一定程度上反映出设计者对于工业文明下的设计所进行的反思和反馈。这些新的反思和形成的新的设计概念，更多地停留在物质的层面，更多关注环保和生态。事实上，设计同时也要关注人本身，关注社会伦理与公平的原则，这是由设计所构建的社会规则结构的内生价值决定的。

对工具和机械设计的关注几乎与工业革命同时开始，首先发生在英国。1849年，瑞典成立了第一个工业设计组织，接着，奥地利、德国、丹麦、英国、挪威和芬兰也相继成立了同样的团体[1]。

随着工业革命带来的大机器生产，设计中的手工艺因素逐渐消失，降低了生产成本从而使原先只为贵族服务的设计第一次面向了广大群众。英国陶瓷品牌韦奇伍德（Wedgwood）有意识地将生产分为两个部门以适应不同的市场需求，一部分是为上流阶层生产的艺术瓷，另一部分则是大批量生产的为普通民众服务的实用品，让民众也享受到了设计带来的便利。

某些观点认为，资本主义生产形式促成了设计的专业化，但其同时也造成了设计品质的

---

① 维克多·J. 帕帕内克. 为真实的世界设计 [M]. 周博，译. 北京：北京日报出版社，2020：89.

劣化。威廉·莫里斯（William Morris）就曾在一场演讲中表示："我们要革除的并不是某个具体的钢铁机器，而是巨大无形的商业暴政，是它压制着我们所有人的生活。"[1]当然，这与莫里斯一贯反对资本主义，反对大规模机械化生产的理念是一致的。但是，这些工业化批量生产，是否就是部分人群在现代社会被设计所边缘化的根本原因所在呢？

如果从人类学的角度来理解这一问题，回到这一问题的本源，人类学家阿尔弗雷德·盖尔（Alfred Gell）认为，意义建构的核心是人类倾向于从技术或设计——最广义层面上的理解——推断什么与人工制品、传达主体或意图有关[2]。

两次世界大战的结束，带来了大量军用技术和战时基建的民用化，在20世纪中期，设计已经发生了巨大的转变，从最初以技术为中心的学科，逐渐转变为以消费者为中心的、更具全球化的解决方案[3]。虽然消费为主导的设计开始把目光集中到更具备消费能力的人群中来，但是两次世界大战所遗留下来的大量伤残人士，使得设计界开始推进为特殊需求人群所做的无障碍设计。到了20世纪中叶，更多的设计理论家开始思考设计为边缘群体服务的问题。

在《为人的尺度而设计》（*Design for Human Scale*）一书中，著名设计理论家维克多·J. 帕帕内克指出了现代工业设计的一大弊端："多数的设计是服务于居住在发达国家的富裕中产阶级的中年人，设计师们无视残障人士、贫困人士、智障者、幼儿、老人、肥胖者和发展中国家人们的存在。"[4]借助于工业化生产，设计师的高度标准化的产品得以大规模量产，满足大众消费的需求。在这一过程中，一部分有着特殊需求的用户却被忽视了，他们不能公平的获得设计本应带来的便利！

---

① Art and It's producers, Collected Works of William Morris, vol. XXII, London, 1914, 352.
② Alfred Gell, The Technology of Enchantment and the Enchantment of Technology, in Anthropology, Art and Aesthetics, eds. J. Coote and A. Shelton（Oxford: Clarendon, 1992）, 40—66.
③ Klaus Krippendorf, the Semantic Turn: A new Foundation for Design（Boca Raton, FL: Taylor & Francis, 2006）, 31—32.
④ Victor Papanek, Design for Human Scale[M]. Van Nostrand Reinhold Co; First Edition（January 1, 1983）, 17.

帕帕内克的思考，定义了被设计边缘化的群体，他们往往也是整个社会的边缘群体，并不局限在身体有残障的人士，同时还有因为经济原因以及被主流意识形态所排斥的人群。当工业化大生产的设计无法很好地被他们所利用的同时，我们人为地制造了被设计边缘化的群体，而这个群体，可能远比我们想象中的更为庞大。

2.1.2　福利社会的诞生及其局限性

部分设计理论家希望通过设计解决的问题，已经由更早前的社会学者所实践了。在这一点上，福利社会的诞生可谓是人类进入发达工业社会的一大创举！当前的社会福利体系，基本是发达国家都会构建的社会共识之一。在西方世界，北欧及西欧被公认为在这一方面走在世界的前列，北欧国家甚至被认为是福利国家的典型。而美国和日本等社会，虽不能被称为福利国家，但同样有着一套适应自身社会运转的福利制度。

在谈到福利社会的时候，北欧国家往往会被作为一个标杆。如果我们探究北欧国家的历史，可以上溯到公元8世纪开始的维京（Viking）时代。作为年代学术用语，这一时代出现在石器时代、青铜时代和铁器时代之后[①]。从这一时期开始，擅长航海的维京人开始了其对外的探险、贸易、掠夺和殖民。在随后的300多年里，维京人对西欧及北大西洋地区产生了巨大的影响。有趣的是由于驾驶长船出海航行的不确定性和高风险性，参与这一行动的维京人之间开始戏剧性地产生了平等主义的思想：出海航行的参与者之间共担风险也均分利益。这或许是我们今天所见到的北欧社会具有平等理念的设计思想的文化根源[②]。而自16世纪以来，北欧国家开始逐渐脱离君主制，转向现代民主社会。进入20世纪，北欧国家的工业化得到发展，民众受教育程度显著提高，该地区尤其是瑞典开始迈入欧洲强国的行列。在整个20世纪，瑞典的执政党几乎都是成立于1889年的社会民主党，这一中间偏左翼的政党，长期以

---

① Julian D.Richards, The Vikings: A Very Short Introduction[M]. Oxford University Press, 2005, Britain, 17.
② 李一城 . 北欧社会的设计伦理与关怀发展 [J]. 美术与设计 , 2020（06）.

来试图在不产生激烈社会革命的情况下，维持社会繁荣并缩小阶层差异。出自该党的领导人佩·阿尔宾·汉森（Per Albin Hansson）在20世纪30年代的一次政治演讲中首次使用了"人民之家"（folkhemmet）这一词：如同一个家庭一样，一个社会应该照顾他的所有公民，并且实现每一个人心目中的福祉①。也正是从这一时期开始，瑞典逐步实践并奉行"福利国家"的制度，推行平等主义的价值观。这种理念，使得瑞典先后实践了免费教育、免费公共医疗以及丰厚的社会福利，其对瑞典的现代设计产生了深远的影响②。北欧地区的其他国家，包括丹麦、挪威和芬兰等，由于有着相似的社会结构和文化背景，在二战后都走上了相似的道路，通过各种社会保障和福利制度，提升中下阶层的生活品质。而这些社会制度，同样影响了北欧地区的设计伦理，并衍生出注重民主与人文关怀的斯堪的纳维亚设计概念。

美国虽然并不是被国际广泛承认的"福利社会"，但自20世纪30年代以来，美国同样建立起了一套庞大的社会保障体系。在20世纪发生经济大萧条之后，罗斯福总统着手建立社会保障体系。其在1934年成立了经济保险委员会，并在下一年颁布了"社会保障法"，随后又于1939年设立了伤残保险以及老年人配偶养老保险。在这之后的数十年间，又陆续出台了老年人医疗保险、残障人士医疗保险等措施③。总体而言，美国的社会保障制度较为依赖立法，从联邦政府到各州政府，历年来颁布了为数庞大涉及老龄人士、残障人群、失业员工等弱势群体的各项法规。自罗斯福"新政"开始，到60年代约翰逊"伟大社会"时期扩张达到顶峰，70年代之后开始了收缩的转型进程，到90年代克林顿的所谓"新民主党人"时期的转型，从美国社会福利制度的发展和转型中，我们可以清楚地看到自由主义和保守主义两种主要政治理念的深刻影响和交互作用，以及自由主义走弱、保守主义走强的发展趋势④。这也是美国作为主流发达国家，其社会保障体系却经常遭到诟病的原因之一。保守主义认为充分

---

① 克里斯蒂娜·J. 罗宾诺维茨，丽萨·W. 卡尔 . 当代维京文化 [M]. 肖琼，译 . 北京：中国社会科学出版社，2015：25.
② 李一城 . 北欧社会的设计伦理与关怀发展 [J]. 美术与设计，2020（06）.
③ 李超民 . 美国社会保障制度 [M]. 上海：上海人民出版社，2009.
④ 许宝友 . 美国社会福利制度发展和转型的政治理念因素分析 [J]. 科学社会主义，2009 年（01）.

的竞争有利于社会的发展，而将社会资源应用于保障体系阻碍了社会的公平竞争。美国今天仍然没有覆盖全民的医疗保障，这在发达国家中是极少数的例外。

日本作为亚洲地区的发达国家，同时也是世界上老龄化最为严重的国家之一。日本的现代福利制度诞生于明治维新之后，1874年（明治七年）日本政府公布了《恤救规则》，将需要救济的老年人的条件限定为"极度贫困且独身的废疾者，或者70岁以上的重症老人们"[①]。二战后，日本很快迎来了经济高速发展的时期，其社会福利制度，也注重逐渐废除日本传统社会的家长制，更多地考虑到民主和普适化。而在进入21世纪之后，日本社会又面临了新的老龄化困境。日本政府自1920年始每5年进行一次人口普查，到2020年刚好满100年。而2020年的人口普查显示，日本社会65岁及以上老年人口数量超过3580万人，已经占到目前总人口的28.4%，进入了超老龄化社会（65岁及以上人口占总人口比例达到20%）。日本政府为应对老龄化社会的挑战，推出了国民健保、国民年金以及介护制度等一系列措施，但在经济停滞、少子化、农村空心化等其他社会问题的夹击之下，举步维艰。日本的处境体现了社会福利体系面对老龄化问题时所遭遇的困境。

以上各国及地区的社会福利体系，历经了近一个世纪的发展，虽然也遇到社会发展过程中的不同挑战，但总体上仍被认为是值得效法的良政。

但与此同时，当前的西方福利社会却也展现了其局限性。一方面，普通民众对于政府每年高额财政支出用来维持社会福利的做法颇有微词，他们并不是很情愿被征收较高的个人所得税用以支持此项事业；而另一方面，接受政府福利的群体却又要忍受旁人异样的目光，他们可能因接受特殊的照拂而失去部分参与社会公共事务的机会。齐格蒙特·鲍曼（Zygmunt Bauman）在他的《工作、消费主义和新穷人》（*Work, Consumerism and the New Poor*）一书中，就对于福利国家和政府的福利政策提出了尖锐的批评："福利国家沦为只服务于小部分人（大众眼中的低等人）的工具，其最重要的长期影响是政治的式微和主流民众政治热情

---

① 李青. 日本养老制度发展历程：从"国家福利"到"社会福利"[J]. 行政管理改革，2019（07）.

的消退。"①其认为福利国家，尤其是他本人所在的英国，已经迎来了事实上的衰败，而这恰恰是政府福利政策的特异性，有针对地清除了边缘群体的"社会归属感"，而这也进一步导致一般民众对于政府福利政策的热情支持快速消失，不可谓不是一个讽刺的事实。有鉴于此，我们应当开始思考，如何优化当前的社会福利制度，如何从目前西方国家的社会实践中学习和规避风险，以及创新的设计思维可以在社会保障体系的运转过程中起到怎样的作用。

2.1.3　从社会排斥到设计排斥

　　社会排斥（Social exclusion）的概念首先出现在20世纪60年代的法国，最早是由法国经济学家勒内·勒努瓦（Rene Lenoir）提出的。这一概念用来描述的主要是个体与社会整体之间的割裂。一些社会边缘群体被贴上了"社会问题"的标签，例如生理和心理有残障的人士，失业及低收入者、单亲父母、滥用药物者，叛逆人士等。在其1974年出版的《被排斥群体：法国的十分之一人口》（*Les Exclus, un Francais sur Dix*）一书中，勒内认为这些"受排斥的"群体有着相当大的规模，约占当时法国社会总人口的十分之一。

　　在20世纪下半叶的法国和欧洲，社会排斥是社会学理论中一个重点被关注的核心议题。欧洲委员会在20世纪80年代采纳社会排斥概念，将其作为制定社会政策的重要参考依据。同时，这一概念也据此被分为经济、政治、文化、关系和社会这五个不同的维度。社会排斥也常常被与社会学中早已存在的贫困与能力剥夺所联系起来。例如，亚当·斯密就认为，不能自由地参与社会公共生活就是一种很严重的剥夺，不论这种情况是由贫困还是由身体的缺陷所引起。与传统古典时期更关注贫困问题的研究相比，现在对社会排斥的学术讨论会更关注"能力不足"（Capability Failure）问题，这也可以被认为是相关人士的基本需求得不到满足所引起的。造成能力不足的原因可以是多方面的，生理缺陷、心理疾病以及社会主流意识形态的排挤都有可能造成这一问题。笼统地说，社会排斥所造成的群体，也就是社会边缘

---

① 齐格蒙特·鲍曼.工作、消费主义和新穷人 [M]. 郭楠，译 . 上海：上海社会科学院出版社，2021：66.

群体。

在我国，社会排斥的关系面向群体还有着特殊的情况，残障人士由于设施设备不足所带来的社会隔阂，农民工等由于无法融入城市所带来的疏离以及由于经济快速发展和高速城镇化所带来的边缘群体等。清华大学孙立平教授称其为一种"社会断裂"的状态。

从以上的论述中可以看出，不论是在西方社会还是在中国，遭受社会排斥的群体往往是游离于主流人群的少数群体，他们有着特殊的需求，但社会排斥使得他们无法获得平等参与社会生活的机会。社会排斥本身由多种因素造成，如果我们承认设计活动是构成人类社会基本架构的本质存在，那么也就可以说，设计本身也是造成他们被排斥的原因之一。

在设计学科中，有一个与社会学中的排斥理论相对应的概念，称为设计排斥（Design Exclusive）。2003年，英国学者基特斯和克拉克森出版了《反设计排斥》（*Countering Design Exclusive*）一书，提出了设计排斥理论。这一理论是假设部分群体的用户被排斥在设计的目标群体之外，当产品的使用能力要求超过了终端用户的实际能力时，就会产生设计排斥。前文中，已经阐述过部分设计理论家认为，现代设计抛下了部分群体，而只为所谓的主流用户群体服务，在这里，似乎可以理解为被设计排斥的人群就是这一部分边缘群体。作为补偿，无障碍设计（Barrier-free Design）被作为专为此类被排斥用户所专用的设计方式被介绍给设计界。但是，"反设计排斥"的理论认为产品的使用能力要求与终端用户的实际能力相匹配的设计，这一理论要求将"需要排除"的用户压缩到最小的范畴。换言之，也就是使尽可能多的用户包含到设计的目标群体中来。可以说这一想法超越了无障碍设计的范畴，同全适性设计所提倡的理念相吻合。

现代社会的技术发展在正反两个方面都给设计排斥带来了影响。一方面，数字化、智能化的设备，一定程度上弥补了终端用户能力的不足；另一方面，技术的高速发展也容易抛下无从快速适应的群体并产生新的排斥门槛。如何在技术高速发展的时代解决设计排斥带来的问题，也是设计界面临的一项挑战。

2.1.4　从功能主义到无障碍设计的影响

我们认为无障碍设计仍然有其局限性，但不可否认的是：从功能主义到无障碍设计的发展，是当今一系列具有人文关怀的设计理念的思想来源。厘清功能主义和无障碍设计对现代设计理念的影响，有助于对全适性设计的诞生和发展有更好的理解。

在工业革命之后诞生的现代主义设计，其思想的源头起于英国，并通过德国包豪斯学院将理论发展壮大。功能主义（Functionalism）首先在建筑设计中大行其道。建筑师路易斯·沙利文（Louis Sullivan）提出了"形式永远遵循功能"。当然，功能主义这一名词也可以在不同层面进行论述，例如心理学层面、社会学层面、生理学层面以及社会人类学层面等。

标准化的大规模工业生产似乎在践行功能主义设计的理念。与19世纪以前偏重装饰的手工艺作品相比，早期的机械化生产被冠以粗糙和笨拙的恶名，这也正是工艺美术运动及新艺术运动等设计实践希望扭转的事实。但不可否认的是：标准化的工业制成品践行了功能优先的理念，并且随着价格的降低，使得更多的一般民众有机会获得这些工业产品。

一般意义上认为，功能主义在北欧的代表人物阿尔瓦·阿图（Alvar Aalto），通过将天然材质和柔和的自然元素导入设计中，开创了具有强烈斯堪的纳维亚特色的有机功能主义风格。但是，在这里，我们更关注当时的北欧国家政府对功能主义的支持，这体现了政府试图通过干涉工业产品的设计来实现其社会理念。

二战结束之后，瑞典的左翼政府有意识地推动了功能主义的设计。当时的瑞典社会住房紧张，许多仓促建成的房屋质量低劣，政府通过一系列的政策指导并投资大规模的基建和房产项目，与功能主义的设计师合作，改善了建筑和室内装饰及家具的品质。政府还通过直接指导日用品生产工厂的形式来促进这一理念。北欧的其他国家也同样推行功能主义设计并资助了很多这一方面的研究项目。这一案例说明了功能主义的重要性，以至于一国政府通过对功能主义的推行来改善普通民众的生活品质。

另一位北欧功能主义早期的代表人物格雷格·保尔森（Gregor Paulsson），于1919年出版了《为日常创造更多的美》（*More Beautiful Things for Everyday Use*）一书。在这一书中，他认为应当为工业化的制成品注入艺术的品位，在提升日用品的审美情趣与品位的同时，也即是提升了社会整体的民主与平等。

但是，功能主义也同样招致一些苛刻的批评。路易斯·布克哈特（Lucius Burckhardt）曾对乌尔姆设计学院（Ulm Academy of Design）的设计理念提出批判。在《设计的无形》一书中，他写道："乌尔姆的解决方案，正是专家治国的实例，这些方案虽然从基础来分析预定达成的目标，却没有将其目标置于更高层次的背景之下。"[①]布克哈特所认为的乌尔姆的实用主义设计，重点关注于单一物件的设计，没有考虑设计物件背后的整体系统和使用背景，因此也不能保障一个人人都能参与的社会。所谓的更高层次的背景，就是设计师要通过更积极的分析来解决社会问题。

当然，也有人认为功能主义的理论对于设计的发展并不起到决定性作用，并非所有的设计都源于对新的需求的发掘。例如对椅子的功能性需求，已经在人类几千年的历史中被研究和开发殆尽，而我们今天仍然有源源不断的创新创意的椅子设计诞生。因此，功能主义的理论在此显得不够充分。也有观点认为，在椅子的设计方面，除了设计师对于风格和形式的独创性，对于功能需求的钻研也还在推进，例如近年来流行的人体工学椅，将用户对于"坐"的需求提升到了一个新的高度。

同样是在二战之后，为了帮助在战争中受到肢体创伤的群体，无障碍设计被呈现在主流设计界。严格来说，这一设计概念是在1974年由联合国所正式确定的名称，但在这之前，为身体有残障的人士进行特别针对性的设计已经获得了众多设计师的普遍认可。我们今天仍然可以在建筑和环境设计中看到这一概念的广泛应用。而战争中对于军事武器装备的设计，在如何减少误操作以及提高使用效率、节省人力方面的极端要求，也催生了对于人机交互设计

---

① 奥立佛·赫维格. 通用设计：无障碍生活的解决方案 [M]. 台北：龙溪国际图书有限公司出版，2010：54.

图 2–1　宜家民主设计的五个要素
资料来源：宜家家居官方网站，IKEA Product Stories – IKEA

研究，人机工程学的源头同样可以追溯到这里。

而继承了功能主义和无障碍设计，具有人文关怀的设计理念在冷战背景下的东西方阵营分别开始了萌芽。

今天我们所听到的“民主设计”可能更多地来自瑞典宜家家居公司的宣传，但这一理念其实在北欧社会有着长期的社会学背景。100多年前爱伦·凯等人在推行设计的伦理及责任时，其关注的对象更多地集中于社会底层的贫苦人群。这一理念在今天更多的意指通过大规模生产和新材料降低成本，优质但有节制的设计提升美学品位，从而让大多数人用可接受的价格获得美观且实用的产品①。

民主设计（Democratic Design）强调“为每个人而设计”，从低价、造型、功能、品质和可持续性这五个方面的平衡来实现预期目标②。这一目标试图让不同收入群体都能负担得

① 李一城．北欧社会的设计伦理与关怀发展 [J]. 美术与设计，2020（06）.
② 日经设计．IKEA，宜家的设计 [M]. 郭朝暾，黄静，译．武汉：华中科技大学出版社，2017：18.

起优良的设计；任何文化背景都能获得良好的使用体验；同时，生产销售和使用的环节还能保持环保可持续。虽然听起来有些理想化，但是"为每个人而设计"（Design for Everyone）与"为所有人而设计"（Design for All）恰有异曲同工之妙。

虽然瑞典宜家公司将民主设计作为一个工具来使用，并在商业上进行了大量的宣传推广，但是我们仍可以将其视作一个带有理想主义色彩的设计理念。只是在具体设计实践的方法论方面，民主设计的工具略显单薄。

出于意识形态和社会体制的原因，苏联很早就强调设计以及公共产品要惠及更多的民众。随着二战后苏联工业化的进一步深入，政府也意识到要提升计划经济产业中设计的水平。1962年4月成立的全苏技术美学研究院（All-Union Scientific Research Institute of Technical Aesthetics），简称VNIITE。这实际上是一个以工业设计为主的研究院，由政府牵头并招募了包括设计师、工程师、科学家和社会学家等共同合作。VNIITE设计了很多针对当时苏联社会的工业产品，有些是具有苏联式形式美感的作品，例如1989年设计的无绳电话等。虽然目前留下来的资料并不是很多，但是我们仍然能从中看到具备一定通用性的初步设计构想。1964年VNIITE设计了NGT出租车，这是一款结合了出租车和公共汽车特点的交通工具，其具备宽大的乘坐空间以及面对面的长排座椅，在交通高峰期可以容纳更多的乘客，同时也允许婴儿车及轮椅进入后座空间，为更多人群的使用提供了可能。遗憾的是这款出租车仅少量生产及试运行，由于设计细节上的缺陷以及苏联当时的工业能力，未能大规模量产[1]。虽然未能量产，但是其设计理念被认为对随后的中大型出租车和小型货柜车产生了影响。

VNIITE的设立，同样是一个政府试图通过干预设计来实现其社会治理的案例，与瑞典政府有所不同的是：这一实践随着历史的变革被打断了。苏联解体后，VNIITE的大量资料图片和设计原型遗失，令人感到惋惜。莫斯科设计博物馆目前保留了少量VNIITE的手稿和

---

① Alexandra Sankova, Olga Druzhinina, VNIITE Discovering Utopia—Lost Archives of Soviet Design[M]. Thames & Hudson, 2016, Britain, 27.

图 2-2　无绳电话，VNIITE 设计，1989 年
资料来源：VNIITE: Discovering Utopia

图 2-3　NGT 出租车，VNIITE 设计，1964 年
资料来源：https://dailygeekshow.com/wp-content/
uploads/2016/12/VNIITE-PT-2.jpg

模型等资料，使得我们今天仍能从中看到这些早期设计的理想主义和人文关怀。

所有这些设计方法和理念的发展，都对20世纪后期各个具有人文关怀的设计概念的崛起做了铺垫和准备，同样对全适性设计概念的诞生起到了重要的影响。

2.1.5 具有人文关怀的国际设计思潮现状

"Good design enables, bad design disables." 好的设计让人得心应手，坏的设计让人举步维艰。

在设计伦理的角度，考虑到有关福祉和正义的主流观点，其核心概念是：设计必须支持利益相关者具备过上他们想要的生活所必需的能力。因此，基于设计伦理的要求是：设计应当支持多元化，支持参与权并且促进社会的公平公正。

从无障碍设计发源，进入20世纪后半叶，诞生了通用设计、包容性设计、感性工学、跨代设计等多种设计理念。对于这些具有人文关怀的设计概念，他们有着共通性，就是强调了人在设计中的核心地位，同时也强调了设计对于弱势群体的容纳。

哈贝马斯的相关民主思想认为，仅仅依靠法律来提供平等的保护仍不足够，只有当社会各个不同群体，尤其是弱势群体介入公共讨论并且能够充分地表达自己的需求时，才可以说他们享受到了民主所赋予他们的平等的公民权利。一个好的社会应当扩大其成员的个人自由，同时能让他们有效地参与范围广泛的公共事务①。哈贝马斯等人更多的是从社会学的角度强调弱势群体的平等权利，而从设计的角度保障他们平等的使用日常产品和设施设备，则是设计界需要面对的问题。

目前世界上，与全适性设计相类似的设计概念还有不少，如包容性设计（Inclusive Design）、通用设计（Universal Design）、感性工学（Kansei Engineering）、跨代设计（Transgenerational Design）、全寿命设计（Lifespan Design）、服务设计（Service Design）等。他们的共同点是都从人的需求出发，体现了对社会弱势群体的人文关怀，并且其理想都是通过设计将尽可能多的人群包容进社会的日常生活中来。他们的不同是侧重点以及开展设计的方式方法不同。例如通用设计以及包容性设计，他们同样是普适性地面向所有人群。通用设计更多地侧重于建筑及环境设计，通过具体数据和标准化的操作工具来作为设计方法。这使其在全球范围内特别是美国获得了较大的反响。而包容性设计则在英国得到了广泛的认同，其更强调社会的参与。除此以外，生态设计或者可持续设计也越来越多地获得设计界的认可，保罗·霍根（Paul Hawken）等人于1999年提出了"自然资本论"（Natural Capitalism），这是可持续发展的重要论述之一。自然资本论要求从设计产品以及生产的流程开始就把自然资源考虑进来，在全流程的过程中不产生或少产生废料。此类更侧重环境生态的设计理念在这里并不做展开讨论，本节所讨论的设计理念更多的是以人作为核心。

这些概念经常被人共同提及并且相互比较，因为这些概念之间确实有共通性和重叠的部分，也因此会产生疑义，很多研究人员也无法很好地分辨这些理念。这些概念的共同点是都强调设计的人文关怀，都试图通过设计涵盖更多的群体尤其是弱势及边缘群体，消除传统设计给多元化人群所带来的不便与隔阂。

还有一个这些理念之间的区别是他们诞生并且发展影响的地区有所不同。在资讯和交

---

① 安德鲁·芬伯格. 技术批判理论 [M]. 韩连庆，曹观法，译. 北京：北京大学出版社，2005：33.

流并不是很发达的20世纪，某些研究者和设计师，在提出了设计理念并进行实践创新后，这些理论和研究成果仅在本国或周边区域传播，久而久之使得这些设计理念带上了不同的地理和时代印记。例如全适性设计诞生于北欧，并在全欧洲地区得到广泛传播和推广；包容性设计最早由英国设计委员会所定义，因此更多地在英国及英联邦国家获得认可；美国设计师梅斯在无障碍设计的基础之上发展并归纳了通用设计的原则，使得通用设计在美国流行并与实业相结合；广岛大学研究人员和马自达汽车工程师将对情绪的研究导入工学领域，所发展和形成的感性工学在日本获得了口碑。这些都是相关设计理念在不同国家和地区独立发展的结果，而随着咨询的发展以及交流的增进，这些理念彼此之间也会产生碰撞和借鉴。

2.2　中国传统文化中的包容性与普适性

上文阐述了西方设计伦理以及福利社会影响下，对具有包容性的人文关怀设计思潮的兴起起到了重要的作用。而在中国传统文化中，同样有着类似的思想来源。古人所崇尚的和合共生、兼容并蓄的理念，与设计思维中的包容性、全适性有着异曲同工之妙。可以说，全适性的设计理念，在中国并非无根之木、无源之水，其同样可以在中华传统文化中汲取养分。对于首先诞生自西方的设计理论，我们在追随和学习的同时，也应当结合中国传统文化的实际，做出相应的解读，进而超越追随，将已有的理论做进一步的提升。

改革开放40年来，中国工业设计教育一直以"跟随式发展"的姿态，不断地向国际先进学习，不断地发展，在这个过程中，政府认知的不断提升、企业认知的不断觉悟、业界认知的不断发展，中国的现代工业设计就是在这个过程中不断地融入我国的经济文化建设，不断地成长和发展的[①]。

2.2.1　诸子哲学体系中的兼容并蓄

中华文化中存在着包容性，其主要体现在求同存异和兼收并蓄。在我国的传统文化中，仁爱思想、民本思想、善恶报应观和慈悲观是古代对于慈善观念的来源。这些概念肇始于儒家的仁爱思想，在佛教的慈悲观、道家的"至德"等宗教思想以及宋明理学中对于"人性本善"的理解，成了历史发展过程中对于弱势群体关怀的一种传承。

在先秦时期，诸子百家中的儒家、道家、墨家等学派就对边缘群体和弱势群体的关注以及相关论述极其丰富。首要是关于"仁"的阐述。关于"仁"的最早记载出现在春秋晚期的《侯马盟书》中[②]。孔子所言："故人不独亲其亲，不独子其子，使老有所终，壮有所用，幼有所长，矜、寡、孤、独、废疾者，皆有所养。"[③]孔子所讲的本质是"仁"，也就是有爱人之心。孟子则认为对于"老而无妻""老而无夫""老而无子""幼而无父"等鳏寡独孤

---

① 何晓佑. 中国设计要从跟随式发展转型为先进性发展 [J]. 设计，2019（24）.
② 李学勤. 字源 [M]. 天津：天津古籍出版社，2013：698.
③ 胡平生，张萌译注. 礼记 [M]. 北京：中华书局，2017：22.

　全适性设计：共享理念下的产品设计

者，统治者应当施行仁政。这一点，与西方福利社会制度恰有异曲同工之妙。

《周礼·司徒篇》提出"保息六政"："以保息六养万民，一曰慈幼，二曰养老，三曰振穷，四曰恤贫，五曰宽疾，六曰安福。"①其中的"宽疾"，本身就是对残疾人的关照。而"慈幼、养老、振穷、恤贫"，以今日的眼光来看，近乎一种由政府实施的社会福利政策。

孔子的社会和谐目标是"仁"，而要实现其目标，就应重视乐与艺的通政、明道的作用。其中，明道就是强调技艺、器物的社会伦理，各类礼器、工艺、装饰、用品均要在一定的政教、修身、正义之下服务于社会生活。他的"成于乐""游于艺"就说明了"仁"的实现是通过礼器、工艺、装饰、用品等设计而达到，并深入于心，"巍巍乎，其成功也！焕乎，其有文章！"文章是纹彩仪态，反映出个体与公共的基本尺度和与社会治理密切的相关性。

《论语》有孔子关于"德治"的话："子曰，为政以德，譬如北辰，居其所而众星共之。"（《为政》）"德治"是孔子积极的思想内容，他在答子张"何如斯可以从政"时说"因民之所利而利之"（《尧曰》），这就是去为民众的事着想，帮助民众去做民众需要的事情，满足人民的需求利益。孔子还强调教育的意义，他的教育观是"有教无类"（《卫灵公》），受教育者不分贵贱、贫富和种族，均有公平享受教育的权利，具有了知识教育就没有了智愚之分，人类社会便能达到同归于善的和谐状态。孔子的这两种"德教"思想，在历史发展过程中虽未曾有真正地实现，但其中对于弱势群体的关怀，体现出兼容并蓄的方式，尽到了激发社会生机的功用。

老子在《道德经》第八十一章言："天之道，利而不害；圣人之道，为而不争。"②其认为处上位者，不应与民争利，而要秉持谦卑之道，维护下民的基本权利。这是将上与

---

① 徐正英，常佩雨译注．周礼 [M]．北京：中华书局，2017：78.
② 张景，张松辉译注．道德经 [M]．北京：中华书局，2021：39.

下、圣与民同等对待来阐述人与社会的生存法则。他还认为人与物、人与自然应是和平共生、相互依附，社会才能发展延续，是一种兼容并蓄、相互依存的生态系统。庄子更具有宏观的思维观念，"天和""天均""物无贵贱"，也是他万物平等的自然生态均衡发展的兼容思想的表达。

墨子的兼爱思想，在《墨子·兼爱下》中，提出"兼相爱，交相利"。墨子认为:爱和利益之间是相辅相成的关系。与儒家不同，墨子认为爱不应该分亲属等差，应当一视同仁。与孔子很少谈及利益不同，墨子并不避讳谈利，所谓交相利就是互助，人们在利益方面实现平等互助，将弱势的群体包含其中，也正是天下大同的体现。墨子反对过度装饰，涉及人的生活伦理，他的"节用"设计原则是对当时装饰奢侈的批判，其功用思想具有平等、务实的功效性，是设计普遍的意义:只有合功能的器物才是普遍可用的设计，比之高贵的雕缋满眼的华丽无用之物，体现出"兼爱"的为一切人服务的墨家思想。

以今天的眼光来看，在中国传统思想中，虽有着对弱势群体的伦理关怀，并且在各个朝代都有所体现，但其主张实则是中国传统政治文化——"内圣外王"的理论表达，所谓"得民心者得天下"，在关怀弱势群体利益与维护统治阶级地位的政治需要中交互显隐，在统治阶级那里归根到底是"家国一体"的封建宗法等级制度下，社会经济关系在意识形态层面的反映[①]。不能否认的是:仁爱慈悲，以及对弱势群体的关怀，随着中华文化的传承也始终贯穿我们数千年的文明史。

2.2.2 中国传统思想中的普适与共享

在中国的历史上，很早就存在"公"和"共"的概念，早在先秦时期，就有了"公私之辩"。

《诗经》中有着"雨我公田，遂及我私"的诗句，这说明了当时井田制的存在，而诗

---

① 杜振吉，孟凡平.中国传统弱势群体伦理关怀思想论析 [J]. 理论学刊，2015（12）.

句祈求雨水先入公田再及私田，也说明了当时人们以公为先的观念。

"均贫富""不患寡而患不均"等观念，也可以看作是中国古代朴素的对于共享的追求。

中国古代学说的"和""五行""中庸"涵盖着万事万物，影响着社会生活的方方面面，适用于一般民众的日常生活和人事交往，是一个开放包容持续发展的思想体系，兼具普适性和提高性。就其制物实用方面而言，普通工匠都可以施行。我们不能因其深奥的哲学意味而忽略了普适性，它们是存在普遍施行的可能性的，也具有一定的共享意义。

例如，"五行"有着朴素的唯物辩证法思想，是古人认识世界的重要方法之一。它至今仍然是中国传统文化的理论基础。人世间的一切事物通过比象取类，概括为金、木、水、火、土五种最基本物质，五种物质不断运动，相互作用、相互资生、相互制约，而不能缺失其中之一，可以推演各种事物相互关系及其运动规律，可以说是现代设计包容、全适、整体运行思想早期的萌芽。"五行"思想还有一个实证，《尚书大传》说："水火者，百姓之所以饮食也，金木者，百姓之所兴生也；土者，万物之所资生；是为人用。"（《尚书大传》）说出了五种东西在日常生活中的用处。其思想十分贴近普通人的日常生活，也贴近工匠制作工艺，具有一定的规则的作用，拥有普适性的属性。

再如"中庸"的思想内容包括了"慎独""忠恕""至诚"三个方面。慎独是个人自修，反求诸身，保持适度、节制的生活，以防自身欲望的膨胀；忠恕是包容宽厚，做到中正平和，推己及人，胸怀宽广；至诚是万物尽性，表里如一，达到高远的道德境界。从这三方面，可知"中庸"的普世价值，全适、普适在此得到了充分的发挥。

"和"则是"和而不同""和而不一"，《国语》记史伯与郑桓公的对话："夫和实生物，同则不继。以它平它谓之和，故能丰长而物生之。若以同裨同，尽乃弃矣。故先王以土与金、木、水、火杂以成百物。"（《国语·郑语》）和并非完全同一，实则是调和，将各种各类不同事物统一起来，协调起来，不是相同而是共生、共享，杂以成物！共生、共享是中国传统重要的思想之一。

但是，我们也要看到，中国的传统哲学中存在着两个极端：一端是纯粹的经验主义，来源于中国的个体小农和工匠的经验传统；另一端是以伦理学（治人）为中心的诡辩玄学，完全脱离实践经验，来源于中国的士大夫阶层①。尽管如此，在传统哲学经验与巫术、伦理与科学、玄学与知识的交织中，那些经验、科学、知识还是能给我们许多启示，具有一定的实用和积极意义，如上述所引的"和""五行""中庸"，它展示的是人类事物发展的规律。

甚至作为整体系统论的风水学说，其同时也是一种朴素的方法论思想，也表达出中国文化的重要特征。风水思想的理论是把外部世界的客观存在作为一个整体的系统，这个系统以人为中心，包含万物。在风水的理论中，天地人之间存在无数彼此相关的联系，这些联系的要素之间有着相互的依存、对立和制约，在某些条件下甚至可以互为转化。风水理论的要义就是在一个宏观的层面上对世间万物的整体系统做调整优化，将这个体系内的各个内容做连接重组，找到最适合的相处之道。在这个过程中，人始终居于核心位置。根据实际情况，通过对客观世界的正确改造，使人与人造物适宜于自然，但又融入自然，返璞归真，天人合一，这是风水学的实质所在，也是中国文化思想的真谛所在。清代的《阳宅十书》指出："人之居处宜以大山河为主，其来脉气最大，关系人祸最为切要。"（《阳宅十书》）地理环境、人文特征所构成的方式是以重整体与秩序，重共享与普适的方式，而为人则是其中心，这与现代设计全适性观念的目标是一致的，人、物、自然和平共享，相互依附，方可平衡发展。

2.2.3　中国古代对边缘群体的社会化包容

作为传统的农业大国，中国在古代长期施行农重商轻的制度，农业劳作被认为是最为重要的任务。对普通人而言，一旦出现身体上的残障，也就意味着难以承担原本的劳作，

---

① 陈平 . 代谢增长论：技术小波和文明兴衰 [M]. 北京：北京大学出版社，2019：84.

因"残"而"废",成为被社会所抛弃者,无法正常地参与社会生活,《唐律》等古代文献都有关于残障的相关界定。

中国古代,政府对于边缘群体的社会化救助,自先秦时期起就已经开始逐步成型。《左传》中记载少皞部落有"五鸠",为治民之官,其中祝鸠氏为司徒之官,司教化人民。《周礼·地官·小司徒》中记载,设置小司徒之职,"以辨其贵贱、老幼、废疾",施以辨别、扶助弱势群体的相关事宜。《尚书·尧典》记载:尧曾以"司徒"之职试之以舜。从隋唐时期开始,官方就会设立"福田"(不同朝代称谓不同,或有称"悲田"等),以便残障老弱人群可以从这些田产中获得固定的经济支持。宋代《救荒活民书》中记载:"用义仓米施及老、幼、残疾、孤、贫等人,米不足,或散钱与之,即用库银籴豆、麦、菽、粟之类,亦可。"

《尚书》中记载"民惟邦本,本固邦宁"(《尚书·五子之歌》),可能是中国古代最早提到民本思想的体现。虽然这仍是一种要求统治者自上而下施行仁政的观念,但是管仲在齐国主持国政之后推行"九惠之教":"一曰老老;二曰慈幼;三曰恤孤;四曰养疾;五曰合独;六曰问病;七曰通穷;八曰赈困;九曰接绝。"(《管子·入国》)基本涵盖了对各个弱势群体的救济,"九惠之教"在其思想上体现出人性温暖,在方法上十分体贴和谐。

东汉末期开始出现的原始道教——太平道和五斗米道,宣扬赡养老弱、散财救穷等,可能是中国最早以宗教宣扬天下大同以及包容弱势的开始。其思想和实践有局限性,但确实是较早突破宗族和亲缘关系,强调陌生人之间互助形式。而佛教的传入,强调"慈悲",在具体的行为方面,包括有济贫赈灾、养老慈幼、施医舍药、施棺代葬等。

历朝历代也有设立公共慈善性质的医馆,南朝时期出现了由官府管理的慈善救济医馆"六疾馆"(《南史·齐文惠太子传》),这是为弱势群体提供医疗、居所和衣食的慈善机构,是中国古代社会思想体现出的对边缘群体的社会化包容实例,对后来中国社会及其思想产生过一定的影响。唐代时,在各大城市也设有救济贫民的"医馆"。在对于弱势群体的救助和包容方面，不同的社会层面都有所体现。其中包括官府、宗族、会社、宗教和个人等。中国古代对弱势人群的社会化包容还体现在"孝道"上，这是中国人的家族、宗教、社会、生活以及政治治理的重要方面，儒家的最高理念是仁，仁的社会生活意义是由孝实现的。在世界各地，历史上也有类似孝这样的思想行为，但能够成为社会和人身行为规范并深刻地作用于生活与社会环境，对政治、社会产生巨大影响的几乎没有。所以，孝道是中华民族最独特的文化现象之一。孝道的社会实践内容是宽泛的，普通民众的庶人之孝是"用天之道，分地之利，谨身节用，以养父母"（《孝经·庶人》），一个人尽力于家庭为孝，由家庭及至家族，也就尽到了社会基层层面自治体的责任。由家为单位进而到以家族为单位，以孝悌让庶人建立起家庭的生活基点来满足生活所需，每个家族的安定和乐与其他家族自治体共同并立共存，由此而产生出一个重大的社会效应。这就将处于最基层的弱势人群所带来的人生问题、生活问题、社会问题真正落实，给我们今天带来很多的启示。

2.3 全适性设计的概念

不论是英文的"Design for All",还是中文"全适性设计",从字面理解,都具有一定的极端性。不明其意的人往往质疑"全"的概念。如果我们把"全适"的理念看作一个理想的目标,看作对于设计的全维度阐述,那么就能看作是对不同群体尽最大可能地适应。

2.3.1 全设计与全适的定义

什么是全设计?全适在做什么?在这里有必要给全适性设计下一个简明扼要的定义:

全适性设计是通过利益相关者的共同协作,从特殊人群出发,创造出易学易用的共享型产品或环境,让尽可能多的群体有机会平等参与社会生活的创新实践活动。

长期以来,工业设计这门学科都将重点放在具现化的"产品"实体上(这里的产品实体也包含传统的软件系统、虚拟界面等),针对人工制成品的形式和功能展开研究和实践。在过去的20年间,设计学科的研究主体却发生了很大的变化,向着交互设计、服务设计、用户体验以及交叉学科发展的方向拓展了其边界。

这种变化在很多其他学科上也都体现了出来。例如在认知科学上,很多人也希望把研究的视野开阔到与体验有关的各个方面,包括生态心理学、生态理性、情境认知、具身认知以及进化心理学。

Design for All 这一理念,在刚刚被介绍到国内时,存在着不同的译法。其中一个最简洁的称谓是"全设计"。王受之教授早期在将通用设计(Universal Design)的概念介绍到国内的时候,也曾将之称为"全设计"。这一"全"的概念是相对于"特定性"而言的。在谈到设计的人文关怀时,我们更多地会想到为老年人、残障人士、低收入者、儿童以及有其他身心障碍的人进行针对性的特别设计。而当设计师专程为特定人群进行设计时,恰恰违背了"全"这一概念,换言之,业界的从业人员,通过设计将一部分人群隔离了出来,他们不能使用平常的产品,因为他们被告知由于他们自身的原因无法顺利地使用这些产品。他们只能使用专为他们打造的产品,这无疑是强迫这部分人群承认自己与主流群体

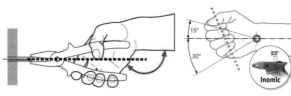

图 2-4　Inomic 公司生产的 Wiha 钳子
资料来源：Inomic 公司官方网站　https://inomics.com/

的不同并将自身置于一个弱者的地位。这种体验带来的感受是负面的。长久以来，无障碍设计和可及性设计正是在做这样的工作。当然，我们也必须承认，无障碍设计在多年来帮助了很多身体有障碍或年老失能的人士。并且，很多国家政府通过立法强制要求建筑和公共空间进行无障碍设计配套，这也使人们对于社会弱势群体有了更多的了解和关照。随着技术的进步和观念的更新，我们认识到设计思维的迭代，设计师可以将这部分群体看作是有着特殊需求的用户，不仅仅是身心障碍，同时也可以是有着专业知识背景的人士。通过对他们特殊需求的研究，进而开发出他们能够顺畅使用的产品，而这样的产品可以更好地为其他一般用户使用，以实现全适性。全适性设计这一理念，正是在无障碍设计的基础之上，完成了从"为残障及老龄人士进行特定设计"到"为尽可能多的多元化用户设计"的转变。全适的定义，是一种理想的目标，其并非极端地追求用一种设计涵盖所有的人群。全适性设计的愿景是一个人人都可以参与并获得高质量生活的世界。不论一个人的身体情况与所掌握的技能，其都应该可以使用不同的产品，服务以及空间环境。

以一个小的设计案例来看全适性的应用。Inomic公司生产的Wiha钳子，相比于传统的钳子，仅仅通过倾斜把手的设计，在确保能够稳固抓握的同时，使得手能够传输更大的作用力。这个创意的来源，是有手部关节炎症的用户参与测试他们的特殊需求，将现有产品的问题放大。从他们的需求出发，不需要过度扭转手腕关节的设计使他们能够在使用钳子的过程中更好地发力。这一设计在被推向市场后同样获得了普通用户的一致肯定，他们认为这个设计可以更好地节省力气。这个创新的设计方案本身并没有很大地提升生产成本，不禁让我们发出疑问，为何我们日常使用的钳子不采用这种设计？

2.3.2 全维度的概念

作为本文的主旨概念，英文Design for All和中文"全适性设计"，其字面含义都带有某种极端全面的意思，容易引起歧义。本人在国内外谈及全适性设计时，往往被不明白其意的人追问："一种设计，如何能适应所有的人？"在此，有必要作出相应的解释说明。这里所说的全适，并非让所有人都能够直接利用。例如下半身瘫痪的人，虽然可以借助轮椅参与篮球运动，残疾人奥林匹克运动会也设置有轮椅篮球的比赛项目，但是要让全身瘫痪的人也能够打篮球，以目前的技术和设计能力，仍然无法做到。或许有一天，技术的发展能使全身瘫痪的人也可以借助机械外骨骼的帮助，站起来投篮。这是我们始终可以憧憬的未来。全适性设计的理念，也正是将包含尽可能多的人作为目标，虽然无法做到让每一个人都能良好地使用同一种设计，但是这始终是一个努力的方向。

而"全"的概念，也代表着各个不同的维度。在此，可以参照社会学中的文化维度理论：

文化维度理论（Hofstede's cultural dimensions theory）是由荷兰心理学家吉尔特·霍夫斯泰德（Geert Hofstede）首先提出并被其用来衡量不同国家的文化差异。霍夫斯泰德曾在20世纪70年代对当时IBM公司的员工进行过两轮大规模的问卷调查，共回收116000多份回答。由于IBM作为巨型跨国公司，其员工的国籍和文化背景多元性极其丰富，是研究文化差异导致的价值观区别的极佳样本。1980年，霍夫斯泰德出版了《文化的影响力：价值、行为、体制和组织的跨国比较》一书，随后通过采纳其他学者对其理论的补充，对价值观采用六个不同维度加以描述，这同时也是将不同文化间的差异归纳为六个基本的文化价值观维度。这六个衡量价值观的维度分别是：权力距离（Power Distance）维度、规避不确定性（Uncertainty Avoidance）维度、个人主义/集体主义（Individualism versus Collectivism）维度、男性化与女性化（Masculinity versus Femininity）维度、长期取向与短期取向（Long-term versus Short-term）维度、自身放纵与约束（Indulgence versus Restraint）维度。

简而言之，霍夫斯泰德认为，作为个体的社会成员，由于其成长的社会文化环境所产生的根深蒂固的影响，使其文化背景、价值观以及与其他社会成员之间的相互认同具备一定的共性。而文化是在某种环境中人们共同的心理过程，而非个体的特征。因而，通过对某种文化进行多维度的研究，以及建立一个多维度对比的评价体系，可以了解人们彼此之间行为的相互关系。这一跨文化心理学领域的研究，今天已经成了跨国公司员工管理以及国际商务过程中的重要参照。虽然对于文化进行不同维度的划分也有局限性，但是其提供了一种思路：通过多种维度对事物进行考察和研究，以不同的视角获得不同的观察体验。

这里我们可以借助这一文化维度理论，来讨论一下设计的各个维度。全适性设计中的"全"也可以解释为全维度的理念。Design for All这一设计理念诞生自北欧，在传播发展到欧洲及全球的过程中，其关注的重点始终在边缘群体。从设计的多个维度考虑，包括设计的社会维度、经济维度、传播学维度、伦理维度和医学维度等，这些维度有着不同的需求和表现形式，在不同维度对设计做出思考和判断，正是触及设计本质的一个方法。当一种设计思维被置于更广义层面的思考时，其需要在不同的维度做出阐释。本论文的后续部分会尝试在不同的维度下来讨论全适性设计思维的应用，以求获得对全维度、全适性的认识和理解。

2.3.3　对特殊需求群体的定义和研究

当我们谈到特殊需求群体的时候，这里指的是在设计学角度下所定义的特殊需求群体。从全适性设计的角度而言，这一群体并不仅仅包括弱势及边缘人群，也包含在某些领域具有专业素养的人士。或者换言之，这两类人群具有某种重合性：一些方面的限制和局限会带来相应的专业能力，这在设计的过程中是要反复强调和加以利用的。

当然，在探讨这部分群体时，首先考虑的就是残障人士。这也是无障碍设计主要关注的群体。在传统社会认知中，残障人士是需要医疗介入的，通过治疗或者辅具的帮助，使其可以被社会所接纳，这种认知隐含了问题出在残障人士自身，而他们作为个体需要被修正以获得包容的概念。这里并不对残障进行具体的定义，广义上的残障包含了先天和后天的身心障碍，是我们所熟知的。而残障社会模型（Social model of disability）则认为，许多障碍恰恰来自社会本身。我们的社会建构，例如交通工具的使用原则，各种按键开关的设置，实际上在无形中为特殊需求用户设置了这些障碍。另外，陌生人对于残障人士的同情和怜悯，也在加深残障人士对社会的隔离。

实际上，很多行动不便的人反倒有着乐观积极的态度。这种乐观的心态帮助他们积累了长期的生活经验以对抗障碍和不便。尝试不以怜悯的眼光去看待他们，把他们看作参与社会生活的普通人，有助于以平和的心态展开工作和研究。

除去残障人士以外，处于经济弱势地位的群体也在这一范畴之内。根据联合国在2013年的千年发展目标报告，全世界34.7%的人口每天的生活费不足2美元；每年有690万5岁以下儿童死于可预防的疾病；8.63亿人口生活在贫民窟①。经济的极端弱势导致一系列的后续问题，这同样也反映在他们对于日常环境及产品的设计需求中。

为BoP人群提供设计服务也是当前设计界的一个热点话题。所谓BoP人群，指的是（经济）金字塔底部人口（Base of the Economic Pyramid），这一群体面临着极为严重的资源限制、繁重而危险的工作以及生活的脆弱性。然而传统的设计干预对于BoP人群的帮助往往不能起到很好的作用。许多由政府主导的设计项目较难满足用户的需求，后期的维护售后服务等也不能很好地跟进；而由企业所推动的BoP设计项目，很多由于缺乏市场落地的可行性，最后不了了之或改由慈善组织接手而大大缩小了规模。

联合国千年发展目标（Millennium Development Goals）是2000年9月联合国首脑会议上由189个国家签署《联合国千年宣言》后一致通过的一项行动计划。该计划共分8项目标，旨在将全球贫困水平在2015年之前降低一半（以1990年的水平为标准）。我们能够从

---

① United Nations, The Millennium Development Goals Report 2013[R]. New York: United Nations 2013.

这一发展目标所关注的对象上，看到世界各国所达成共识的特殊需求群体定义：贫穷、饥饿、疾病、残障、文盲、老龄化以及对妇女的歧视等。虽然这一发展目标被认为在2015年圆满达成，但是这并不意味着边缘群体以及弱势群体的处境已经得到根本的改变。相反，随着社会形态的发展，不论在发达国家还是第三世界国家，都出现了更多新形态的社会问题，以及被这些问题所影响的人群。

很多人认为针对这些特殊需求群体的设计项目失败的原因在于传统设计以产品为中心，设计范围过于狭窄，过度针对某些特定群体来研发特定的产品，试图以此解决问题。而改善的方法就在于采用社会化设计和服务系统，将更多的群体包含进来。

2.4　全适性设计的研究范畴

　　作为一种设计方法的全适性设计，其研究的范畴有固定的区域。首要是推进从特定到普适的过程，与无障碍设计等专为特定人群进行的设计不同，全适性设计期望将特殊需求人士作为研究的对象，在用设计满足他们需求的同时，将方案推广至主流人群，实现普适的设计成果。而在这一过程中，全适性设计对于多元社会和老龄化社会的应对，也不自觉地成了其主要研究的范畴。

2.4.1　从特定到普适

　　与艺术家相比，设计师无疑是更为保守和谨慎的，这也体现在设计师对于工作领域的细分。当我们谈论设计的差异性时，有着不同的分类模式，一种模式是以地域性的文化进行界别，例如我们常见的"意大利设计""美国设计""日本设计"等；另一种分类模式则是以目标用户所主导，无障碍设计、时尚设计、女性设计等皆属此列。然而，设计本身却应当超越界限和分隔。

　　设计师马克·纽森（Marc Newson）在采访中也提到，他认为设计是唯一能够跨越国界以及文化界限的行业。ECCO Design的陈秉鹏认为，设计应当脱离风格的驱使，而只为其目标所驱动。因此，最优秀的设计可以跨越文化的边界。在这些设计中，应该融合并创造出一个更好的、关于人造世界的思想[1]。

　　当史学家试图解释设计多元化时，他们借助的不外乎两套理论。一些人认为设计的变化是需求演变的结果；另一些人则将新异的设计归因于设计师表达自我独创性和艺术造诣的欲望[2]。如果我们更多地考虑设计的功能导向而非艺术表达，那设计的普适性也是应当纳入设计流程的重点。

　　人机工程设计以及通用设计等概念，在引入中国之初，也曾被笼统地称为普适设计。

---

① 香港设计中心.设计的精神续[M].沈阳：辽宁技术科学出版社，2009：50.
② 阿德里安·福蒂.欲求之物：1750年以来的设计与社会[M].苟娴煦，译.南京：译林出版社，2014.

既然有普适，相对应的就应有特定。

2020年年底工信部推出了为期一年的"互联网应用适老化及无障碍专项行动"，希望能够引导各大互联网平台进行适老化的探索和改良。这一方面是政府对行业的规范性引导；另一方面，随着中国互联网人口的快速增长和全民化，市场本身也有这样的需求。随着社科院发布的《后疫情时代的互联网适老化研究》，一些互联网头部平台已经开始在这一领域进行实践，老年淘宝就是这样的一个例子。淘宝网于2021年下半年上线了其在移动端平台的"长辈模式"。在设置页面更改这一模式后，我们能够很直观地看到，整个界面的图片和文字都被放大，并且同一个页面中的信息元素被精简。这一系统的开发者同时也表示，电商购物的整个链路环节都进行了适老化的改进。

企业对适老化的探索值得鼓励，但是客观情况又是怎样的呢？在淘宝这一"长辈模式"上线一年多以后，根据相关调查机构的研究，发现使用这一模式的用户人群远远低于移动端淘宝用户中的老龄人总数。这说明了这一尝试并未得到广泛认可。究其原因，在设计方面，仅仅根据刻板印象，更多地做的是简单放大和减法，这并不能很好地切合用户的实际需求。然而另一方面，淘宝的移动端界面，在经过多年的迭代发展以后，其设计已经有了长足的进步。与多年前凌乱排布、信息元素超载的界面相比，如今的界面可以为大多数人所接受。这未尝不是一种体现包容性的结果。

当我们将有特殊需求的群体带进设计环节时，常常被问及这是不是在为少数人做设计。某种意义上来说，我们所有人都属于有特殊需求的群体。我们所有人都会经历幼年，步入中年随后衰老，都会有身体不适以及暂时失去特定机体功能的时候。如果把上述所有看起来只占少数的人聚在一起，把所有这些"特殊"的需求合起来，我们就会发现，我们竟然已经在为大多数人设计了①。

---

① 维克多·J. 帕帕内克. 为真实的世界设计 [M]. 周博，译. 北京：北京日报出版社，2020：135.

2.4.2　维系多元化社会

现代社会相较于传统社会的一个重要特征就是多元性。

在传统社会中，人的主体性更多地服从于社会架构的约束。马克思提到"人的社会性"，他认为"人是各种社会关系的总和"。传统社会往往是等级分明的社会，强调人与人之间的服从关系，而又由于信息和交通等技术的不发达，限制了人的活动范围，这使得人的价值观和行为模式更多地被具体的规则所控制，进而在一定群体间表现出趋同性。而在经历过思想启蒙和技术革命的现代社会，人的多元性也随着自主性和多文化交流而发展起来。哈贝马斯认为现代主体性是去中心的主体性，在现代社会中，主体具有普遍和抽象的身份，这意味着他们一般不认为自己主要是谁的儿子或女儿、某个家庭或朝代的成员或某个国家的公民；他们认为自己或他人首先是自主和理性的个人……他们的抽象身份不随国籍、文化、居住地、职业、姓名等的变化而变化。这种去中心化的主体性也是多元化的重要特征。在哈贝马斯看来，传统社会依靠共同的道德观而维系。复杂、异质而多元文化的现代社会则并无控制中心，现代社会的团结并非来自一个主宰一切的传统、一种世界观或一套规则[①]。

人的多样性导致了现代社会相对于传统社会的巨大变化。而在具体的设计领域，多样性不仅涉及用户，还涉及不断发展和多样化的交互环境与技术。

好的设计也能体现和引领社会的价值取向。资源环境、经济社会发展使设计体现多样的社会价值，设计的目的是人而不是物[②]。

当设计开始转向以人为本和以用户为中心时，设计的跨领域属性开始显现，设计的理论和方法开始引述自不同学科，主要包括社会科学、心理学、管理学、创意艺术以及实践

---

① 詹姆斯·戈登·芬利森. 哈贝马斯 [M]. 邵志军，译. 南京：译林出版社，2015：103.
② 路甬祥. 论创新设计 [M]. 北京：中国科学技术出版社，2017：232.

图 2-5　多元文化外在表现形式与内在价值之间的异同
资料来源：瑞典 Liberate Diversity 宣传画

经验等，许多实践过程需要用户的参与。然而大部分的设计都是在考虑"普通"健全用户的情况下开发的。在"全适性设计"中，这个前提不再成立，"了解用户"的基本设计原则变成了"了解用户的多样性"以及进一步推导出的"了解特殊用户的特殊需求"。

　　现代社会，由于信息和交通技术的发展，人口的自由流动以及不同思想理念的快速传播，造就了多元文化的社会现实。多元文化主义（multiculturalism）一词首先出现于20世纪80年代的美国。由于美国作为一个移民国家，有着大量不同族裔的公民，他们的文化及宗教背景各不相同，这也使得群体认同和多元文化主义成了美国社会必须面临的现实。多元化所影响的领域极为广泛，可以说涵盖人类生活的方方面面：政治、教育、文艺、技术等各个层面都要考虑多元化的客观现实。今天，除去极少数严格封闭的社会，只要是开放的国家，就必然存在社会的多元性。多元性也意味着差异性，有时候，相似的外在表现形式，却有着截然不同的内在价值区别，这也要求设计者以谦卑的心态对多元文化做更多的了解。

　　一个应对多元化社会的反例是美国在20世纪上半叶曾推行的"熔炉论"，其认为不同的种族和文化都应该归化到主流的文化体系中，在当时，就是英裔美国人的盎格鲁——撒克逊文化。这造成了对少数群体的排挤和打压。好在这一状况在二战后的美国社会有所改观，新自由主义的观点以及多元文化主义思想开始占据社会的主流。在21世纪的今天，我们遗憾地看到，对多元文化的打压又再次回到了美国社会的现实中。

文化的差异性铸就了设计的多样性，设计的多样性又进一步影响及强化着文化的差异性①。

如果认可现代设计是一门综合性极强的交叉学科，那在从事设计的过程中，就要考虑到用户的多元性。设计不应当仅仅是一种方法，更应当是一种视野、一种思维。当设计上升到思考人与社会的关系时，多元化的社会现实就是设计师必须要考虑的存在。有很多探讨设计如何应对多元文化的论著，着眼于有针对性的设计方案。

全适性的概念恰是从设计层面尊重多元文化的范例。首先承认人的多样性和差异性，其次邀请不同的群体作为设计的协同并参与到开发的过程中来，所获得的方案输出能够最大限度地满足不同群体的需求。

2.4.3　应对社会老龄化

社会学上对老龄化社会详细的定义是：65 岁以上的老年人口占总人口的比例在 7%～14%为老龄化社会；65 岁以上的老年人口占总人口的比例在 14%～20%为老龄社会；65 岁以上的老年人口占总人口的比例超过20%为超老龄社会。

前文提到老龄化社会所带来的问题，日本的情况尤为突出。日本在进入超老龄社会之后，政府通过多种努力试图缓解随之而来的社会问题，却往往力有不逮。近年来，社会老龄化和少子化所带来的影响，已经对日本社会的经济发展造成了明显的负面效应。在泡沫经济崩溃后被称为"失去的三十年"中，日本经历了经济发展放缓甚至停滞的阵痛。

日本设置有高龄人服务业者协会（ESPA），该协会按照产品的定义，将不同的产品分

---

① 柳冠中，事理学方法论 [M]. 上海：上海人民美术出版社，2019：57.

门别类并推荐给高龄人群使用。这可以看作是对高龄群体的特别关照，但如果能够再提升高龄人士对这些产品设计的参与就更好更有效了。

针对老人的产品和服务创新是为了解决社会隔离的现象，而不是产生的原因。他们被视为"就地老龄化"基础设施的被动接受者[1]。

从经济角度来看，人口老龄化即是风险又是契机，因为这意味着新的消费市场。实际上，在大多数发达国家，高龄人群的消费市场是巨大的，因为老年人掌握有相当高比例的社会财富和可支配收入。麻省理工学院老年实验室（AgeLab）的研究人员指出："50岁以上的人口，是全球增长最为快速的年龄层。"[2]

中国社会也逐渐步入老龄化。作为我国的一个基本国情，人口老龄化是目前中国社会发展的一个主要趋势。直到2022年，中国进入深度老龄化社会，老年人口占总人口的14%；预计到2033年，我国将进入超老龄化社会。在我国，传统上大多数老龄人士选择与子女共同居住，这种家庭代际组合的形式实际上部分分担了社会应对老龄化的压力。一方面，随着社会人口结构和生活模式的逐渐变化，越来越多的老龄人口需要由社会来承担养老；另一方面，随着人们观念的更新，老龄人士对于参与社会公共事务的需求也在增加。社会活动、学习提升、再就业工作等都可能是高龄人平等参与社会的表现形式。

德国马克斯·普朗克研究所 (Max-Planck-Institut)的研究认为，随着科技和医疗的发展，人类的预期寿命，平均每年增加3个月的时长。

要思考老年人的设计，最简单的方法是应用"他们"就是"我们"的概念。研究老龄问题的权威专家詹姆斯·皮尔克（James Pirkl）使用跨代设计（Transgenerational Design）来弥合与衰老相关的物理和感官变化[3]。这一设计概念强调产品设计和服务同时满足不同年龄群体的需要。正如马蒂亚斯·克尼格（Mathias Knigge）所认为的，老化是生命过程中

---

① 约翰·萨卡拉 . 泡沫之中：复杂世界的设计 [M]. 曾乙文，译 . 南京：江苏凤凰美术出版社，2022：119.
② 麻省理工学院老年实验室 [EB/OL]. http://web.mit.edu/agelab/about_agelab.shtml.
③ 约翰·萨卡拉 . 泡沫之中：复杂世界的设计 [M]. 曾乙文，译 . 南京：江苏凤凰美术出版社，2022：119.

的一部分，而非问题所在。

谈到针对老龄化的设计，最常被联想到的往往是拐杖、轮椅以及各种医疗辅助设备。伴随老龄化而逐渐被人们所熟悉的是另一个设计名词：适老化设计。其同样脱胎于无障碍设计，并以最大限度地帮助老年人为目标。但是，适老化设计在诞生之初便将高龄人士作为一个特殊群体而区别对待，这在无形中孤立了这一群体并有可能对其产生社会排斥效应。

由于老龄用户在机能衰减、生活经历、行为动机、修正手段等诸多因素上存在差异，设计上很难将该用户群作为一个共性主体进行研究[①]。

英国建筑师斯蒂芬·威瑟福德（Stephen Witherford）在伦敦为高龄人士设计建造了一个多套公寓综合体，通过互相连接而又开放的社区共享公共空间，给老人们创造了社交共处的环境。他的理念是融合而不隔离。

据媒体报道，2021年我国的机器人市场相较于6年前翻了10倍，对于工业机器人的需求普遍来自汽车领域和电子制造等行业。2021年中国机器人领域全行业营收达到1300亿元人民币，稳居全球第一。这是否也预示着老龄化的一个解决之道，还有待观察。

如何跨越年龄的桎梏，让所有人都能受益于低障碍度的环境，享受便利的生活，这正是全适性设计所希望达成的目标。有趣的是：研究老年人能产生更为出色的设计。由于老年人的人生经历，其对于产品和环境的长期使用经验，使得老年人成了极为出色的设计参与者和目标用户群体。如果老年人对某项设计感到满意，其他人理应同样感到满意。

---

① 赵超. 老龄化设计：包容性立场与批判性态度 [J]. 装饰，2012（09）.

2.5 共享理念中的全适性

共享的概念由来已久，传统社会中，朋友之间出借一件小物件就是最简单的共享。而在现代社会，共享借由技术的发展，通过不同的平台，有了新的意义和表现形式。

习近平总书记在党的十八届五中全会上提出共享发展的新发展理念，必须坚持发展为了人民、发展依靠人民、发展成果由人民共享[1]。这充分彰显了人民至上的执政理念，但同时我们也要看到，创新、协调、绿色、开放、共享五大发展理念在当前不平衡、不充分的问题，导致忽略特殊人群的共享需求，这制约着社会美好生活的实现。

共享经济曾经在2016年到2018年间高速的发展，但在某些部分也吞下了无序扩张的恶果，其所造成社会资源的浪费有目共睹。如何让共享的理念真正实现全民所享，全适性设计的参与结合是一个可以思考的方向。

2.5.1 社会学中的共享

西汉·戴圣《礼记·礼运篇》记载："大道之行也，天下为公。"

在社会学的概念中，文化本身就是由全体人类所共同构建并且共享的一种成果。对于文化的共享不仅是实体的人造物，也包括非物质的知识和体系。

广义而言，有三个方面的语境影响与设计的实践相关：专业设计机构，或者说设计师对自己的专业定位；大部分的设计实践所处的商业环境；以及政府相关政策的水平。不同国家的政策水平可能有很大不同，这往往会是个相当重要的因素[2]。

共享本身就具有社会意义，传统社会中的共享行为，往往首先出现在"社群"的概念内：家人之间、宗族之间、村社之间，这是一个首先在熟人社交网络内发生的行为，在传统社会，共享的行为很大程度上也被限制在熟人社会中。现代社会的数字技术平台，以及由设计所导向的按需求划分用户群体的模式，使得共享这一行为延伸到了陌生人群中间。

---

① 习近平. 在党的十八届五中全会第二次全体会议上的讲话（节选）[J]. 求是，2016（01）.
② John Heskett, Design: A Very Short Introduction[M]. Oxford University Press, 2002: 32.

有一种说法认为，今天的地球已经是满负荷运转，这可能是一种社会学和政治学的论断。现代化的生活方式在全球范围内传播，使大量的、越来越多的人口失去了以前的生存方式，以及生物学和社会、文化意义上的生存手段①。

帕帕内克在其《绿色律令》一书中，提倡分享而非购买的精神。在购买之前先考虑10个问题：我真的需要它吗？我能买这件东西的二手货吗？我买它的时候可以打折吗？我能借到这件东西吗？我能租到这件东西吗？我能租赁它吗？我能分享它吗？我能以群体的方式拥有它吗？我能自己制作吗？我能买套件商品吗？②其中，提出的对于节省和共享的问题值得深入的思考。

在共享方面，一个有趣的例子是：我在北欧的设计师同行们，经常会共享昂贵的专业性杂志，比如Form, I.D.Magazine或者Innovation，这些杂志在诸多设计师之间轮流传阅，最终可能出现在某个设计事务所的公共书架上。这说明即使在富裕的北欧国家，设计类杂志的价格也仍然让人难以接受。

人们生活于社会空间与物理空间，他们的共享行为也发生于此，具体地说，活动场所和社区对于个人和居民十分重要。上海崇明仙桥可持续社区项目是一个有效的实例，2007年，由筑道工作室和同济大学设计创意学院发起，与政府、村委、一些商业伙伴及国际院校，用"针灸式设计"来促进城乡之间的交流共享，提高这一地区的生活质量③。社会学中的共享理念，也为社会治理提供了参照的标准。政府主导的许多项目，尤其是针对Bop群体以及社会弱势群体的项目，如何避免流于形式，如何提高效率，共享及普适是需要考虑的重点。

---

① 齐格蒙特·鲍曼.工作、消费主义和新穷人 [M].郭楠，译.上海：上海社会科学院出版社，2021：128.
② 维克多·J.帕帕内克.绿色律令 [M].周博，译.北京：中信出版社，2013：220—233.
③ 埃佐·曼奇尼.设计，在人人设计的时代：社会创新设计导论 [M].钟芳，马谨，译.北京：电子工业出版社，2016：238.

2.5.2 心理学中的共享

心理学中有着共享疗愈艺术（Arte Terapeutica Condivisa）的概念，通过让受众参与艺术创作工作坊的过程，来帮助其舒缓各种心理困境和情感障碍，本质上也是共情的一种表现形式。阿恩海姆认为："治疗学家的实用方法并不排除艺术，而是以病人和那些不幸的人们的需要为出发点。任何能够成功治疗的方式都会受到欢迎：药物治疗、运动和修身养性、治疗性的谈话、催眠治疗等，那么，艺术为什么不行呢？"[1]在治疗学家的方式中，艺术的形状、色彩、旋律、节奏的抽象形态，具有一定的辨识力和知觉力，由此可以发现患者的态度并产生治疗作用。当患者面对困难和恐惧时，却能在艺术的形式想象中获取有力的应对力，去面对心理上的困境和情感障碍。

心理学中的共情同样可以被解读为一种共享。1909年，铁钦纳（Titchener）在"关于思维过程的实验心理学讲稿"中首次提到英文"empathy"一词，自此共情才出现在心理学大辞典中（Wispé，1987）。还有很多研究者将其译作"移情"[2]。从现有的文献来看，对于共情的定义，心理学界也有着分歧，基于哲学和现象学描述，在不同的时期有着不同的概念界定。在这里，我们采用其中一种较为接受的定义，共情是能够站在他人的立场，设身处地理解他人的想法，并体验到他人的情绪和认知。

当共情被应用于全适性设计的过程，可以理解为设计师对特殊需求用户的情感共享。许多参与全适性设计过程的用户，其身心有或多或少的受限制情况存在，他们很好地放大了在使用产品过程中所遇到的困难，但这也就要求设计人员用一种不同的视角来关注他们的特殊情况。在与他人建立的关系中，一种共享心理渐渐形成，情感的共享具有认知上的潜结构，是随着心理的动态变化而形成与发展的，对这一过程和机制的探讨在不同的阶

---

① 阿恩海姆，霍兰，蔡尔德，等.艺术的心理世界 [M].周宪，译.北京：中国人民大学出版社，2003：95.
② 刘聪慧.共情的相关理论评述及动态模型探新 [J].心理科学进展，2009，17（05）.

段，心理共享的准确性和相似性会不断提高，当相似性出现了特别明显的提升时，共享也就真正实现了。心理学上认知结构相似性的强度就成为共享考虑的一个重要维度。

设计研究中讨论设计共享心理的形成机制时，是可以从参与协作者群体，通过沟通直接获取心理模型，并将其用于弱势群体的心理模型的建构，从而达到协作成员在认知结构上的相似性。在反馈后再适时地调整弱势群体的心理模型，提高共享心理模型的一致性和准确度，最后构建共享心理模型还需要实验的验证。

这也是设计师区别于艺术家的特质，在一定程度上抛弃自身个性的表达，真正地通过共情来理解与自己完全不同的用户，站在他们的立场来考察设计，通过与用户的协同来思考设计问题。共情使得设计师完成从"为用户设计"到"与用户共同设计"的转变。

2.5.3　经济学中的共享

上文中提到的社会意义的共享，是更广泛层面上的共享。而一旦涉及整个社会的视角，经济总是一个绕不开的话题。因此，这里的一个问题是：共享经济的创新点究竟体现在哪里？

阿鲁·萨丹拉彻（Arun Sundararajan）在其关于分享型经济的著述中认为，这一经济体系具有五个特征：高度以市场为基础；资本高效利用；具有群体网络结构，而非中心化或层级化结构；个人行为与专业行为界限模糊；全职与兼职、正式工与临时工、工作与休闲的界限模糊①。

社会设计具有"共享、共创"精神。社会设计（Social Design），其与社会创新（Social Innovation）是常常被共同提起的两个概念。社会设计往往被更多地认为是由政府部门或社会福利机构在推动的事项，但考察相关的设计案例，有很多却来自企业界。哈佛商学院迈克尔·波特教授（Michael E.Porter），首先提出了创造"共享价值"（Shared

---

Value）的概念。

社会设计呼吁人们行动起来，通过艺术设计的方式参与社会公共事务之中。

迈克尔·波特认为企业需要保持长久的竞争力，而这一问题解决的途径在于共享价值原则，即通过解决社会的需求和挑战，创造经济价值，为社会创造价值。企业必须将公司的成功与社会进步重新联系起来。共享价值不是社会责任、慈善事业，甚至不是可持续性的，而是实现经济成功的新方式。这并不是公司的边缘事务之一，而应当处在核心位置。我们相信，它可以引发商业思维的下一个重大转变①。很多传统企业仍然将"企业社会责任"这一思维模式作为信奉的标准，这在许多商业管理学教条中也被反复提及。事实上，这一议题被当作了企业对社会的慈善性质的付出，因而被边缘化。

而全适性的设计思维可以被用以重新定义利益相关者；重新定义产品和用户之间的关系；对帮助边缘群体参与社会生活起到重要作用并最终在商业方面实现良好的价值增长。在这里，所谓的共享价值就是通过创造社会价值来获得经济价值，这是一个社会层面的共享良性循环。同样在全适性的设计思维中，设计师不能将自己看作是独立的个体，而应当将自己视作利益相关者群体的一部分，进而成为整个社会运转的其中一环，关心社会生态、满足社会需求也正式参与到社会共享价值的创造中来。

过去一些年来，共享经济曾经随着网络平台而蓬勃发展。线上的二手物品交易平台，共享交通工具、拼车、网络虚拟社区、自家住宅共享出租等，无一不是其表现形式。但是，当热闹过后，我们再复盘这些年共享经济的发展，并非一帆风顺的。共享单车造成了大量的浪费以及押金纠纷、爱彼迎（Airbnb）等民宿共享平台的退出、线上二手交易平台的欺诈和纠纷等，都是随共享经济而来的问题。当共享经济失去了其主要的优势要素，共享就难以为继。而如果我们简单地用四象矩阵的形式来归纳设计实践的四个主要目标，那么表2-1

---

① Michael E. Porter, Mark R. Kramer, Creating Shared Value[J]. Harvard Business Review, 2011: 01.

表 2-1　设计应用矩阵 ^①

	服务于产品和服务开发的设计		
关注经济效益	1. 以解决方案为中心的设计 应用设计、通过产品或服务解决实践中的突发问题	2. 以社会为中心的设计 应用设计、通过产品或服务产生社会影响	关注社会效益
	3. 提高竞争性的设计 设计被整合到组织之中，推动战略层面或商业模式层面的创新，成为形成竞争优势的手段	4. 服务于更崇高利益的设计 应用设计推动商业模式层面和政策制定层面的战略，从而提高社会效益	
	服务于商业开发的设计		

资料来源：设计问题——服务与社会

可以用来直观地展现这些设计的主要目标。

　　在第四象限中，我们可以看到服务于更崇高利益的设计。很多时候还需要通过政府政策层面的制定以及设计推动商业模式的战略，来达到实现社会利益最广泛化，并且适用尽可能多的人群的目标。

---

① 布鲁斯·布朗，理查德·布坎南，卡尔·迪桑沃，等 . 设计问题：服务与社会 [M]. 孙志祥，辛向阳，谢竟贤，译 . 南京：江苏凤凰美术出版社，2021：82.

第三章　设计活动中的全适性思维方式

本章探讨全适性设计的思维方式。首先要明确的是：全适性的思维方式是在设计活动中形成的，具有系统思维的特性，始终把关注"人"的需求放在首位。同时，对于和全适性设计相似的概念如无障碍设计、通用设计、包容性设计等进行了辨析。在辅助技术的帮助下，能够实现多样化与个性化的平衡，也可以在不同的层面，如教育、医疗和认知等领域获得延伸。最重要的是：全适性思维展现了包容和普适，能够在考虑少数群体的前提下，为最大多数的群体提供价值。这一思维可以帮助我们应对当前世界的保守和收缩，积极面向全球一体化，构建人类命运共同体。这同时也产生出一种不同于直观形式思维的生成性思维，它给我们提供了一种新的设计哲学思维的视角和思维方式。同时，在本章的最后，笔者也对目前可能存在的局限性做了一定的思考。

3.1　全适性设计思维的形成

全适性设计这一概念本身并非突然出现，在欧洲现代设计以及社会保障体系发展的过程中，全适性设计有其发展的路线和逐渐完善的路径。在此过程中，全适性设计的概念借鉴了无障碍设计以及人机工程学研究的很多学术成果，在此基础之上，全适性提出了更高的要求，不仅仅满足于特定群体，而是更提倡广泛的应用。通过对全适性设计相似概念的辨析，可以了解其作为一种设计思维的独特之处。

3.1.1　全适性设计的思维方式

"每一时代的理论思维，我们时代的思维，都是一种历史的产物，在不同的时代具有非常不同的形式，并因而具有非常不同的内容。因此，关于思维的科学，和其他任何科学一样，是一种历史的科学、关于人的思维的历史发展的科学。"[1]

---

① 马克思，恩格斯. 马克思恩格斯选集：第 4 卷 [M]. 北京：人民出版社，1995：284.

一个特定时代社会、经济实践的积淀，必然在人的思维上有所反映，思维方式是人们理解、把握对象的方法和规则，一旦形成，必将对人们的社会生活实践产生影响。

在《21世纪资本论》一书中，作者托马斯·皮凯蒂在研究了过去两个多世纪的社会持续不平等后得出结论：不平等仍然存在，主要是因为资本回报率r，持续高于整体经济增长率和工资收入的增长率g（二者大致保持一致），而不等式$r>g$则说明累积财富的自我繁殖速度比劳动产出速度更快。其给出的解决方案是政府层面的再分配干预措施，例如征收更高额的税费或者提供更多社会保障等，但这又回到我们之前讨论的福利社会形式，有利有弊[1]。

在欧洲全适性设计研究协会的理解中，这同样也要仰仗政府扶持的形式。尊严平等不是援助或福利问题，而是权利、扶持手段和扶持政策问题[2]。

经济发展模式的转变，在人的思想、哲学、价值思维上产生影响，人们在具体的社会生活实践中，对传统的认识加以验证，修正思想与价值思维，直观形式思维发生了转变，生成性思维渐渐形成。

自亚当·斯密以来，整个经济学界围绕着驱动经济增长的因素争论了长达200多年，最终形成的比较一致的观点是：一个相当长的时期里，一国的经济增长主要取决于下列三个要素：（1）随着时间的推移，生产性资源的积累；（2）在一国的技术知识既定的情况下，资源存量的使用效率；（3）技术进步。但是，20世纪60年代以来最流行的新古典经济增长理论，依据以劳动投入量和物质资本投入量为自变量的柯布-道格拉斯生产函数建立的增长模型，把技术进步等作为外生因素来解释经济增长，因此就得到了当要素收益出现递减时长期经济增长停止的结论。可是，90年代初期形成的"新经济学"即内生增长理论则认为，长期增长率是由内生因素解释的。也就是说：在劳动投入过程中包含着因正规教育、培训、在职学习等而形成的人力资本，在物质资本积累过程中包含着因研究与开发、发明、创新等活动

---

① 托马斯·皮凯蒂. 21 世纪资本论 [M]. 巴曙松，译. 北京：中信出版社，2014：122.
② EIDD, The Waterford Convention[R]. 2006.

而形成的技术进步，从而把技术进步等要素内生化，得到因技术进步的存在要素收益会递增而长期增长率为正这一结论。当然，许多经济学家早已看到了人力资本和技术进步对经济增长的作用（顺彼得，1934年；舒尔兹，1990年；贝克尔，1989年）。但是，他们都是把它们看作是外生因素[①]。

全适性设计思维是对"新经济学"的内生增长理论在设计思想上的反映。所谓内生增长理论就是通过教育、学习、开发、发明、创新等活动促进经济发展，这是一个经济模式的转型，这种转型也是广泛的、复杂的向社会、人文领域的转型。过去的经济生产带来的直观的思考方式和设计行为方式都将被重塑。

21世纪发展以来的内生增长理论，与当代社会生活以及设计方式直接相关，一个新的生成性思维应运而生。设计为满足社会生活拓宽运行领域，从产品到服务，从界面到交互，进行一系列的填充，并接纳新的参与者，从专家到用户，从特殊到普通，从封闭到开放，不断增加的内容与调整，也使设计者的设计思维像这一过程一样，向未来开放且动态地不断生成。生成性思维着重生成的过程，例如智能化进入人们的生活，它的发展，将渗透进社会的一切领域，人们的生活、生产、工作、学习以及休闲都会产生影响，它成为社会生活必备的技术支撑。全适性进入生活，需要创造和应用技术、知识、伦理、文化，让个人、社区、机构能协作生存、共享。设计思维将伴随整个发展过程，以此来应对现实状态和动态形成过程，把握设计与之的价值关系不断变化的情况，从而做出相应的评价和选择。

生成性思维不只是全适性设计的思维，也是当前社会价值思维的主流思维，全适性只是从属性地包含其中。

3.1.2　全适性思维的概念辨析

全适性思维的概念辨析，主要指的是全适性设计思维与其他具有人文关怀设计概念的辨

---

① 安体富，郭庆旺. 内生增长理论与财政政策 [J]. 财贸经济，1998（11）.

析。在上文曾做过一定的分析。

这就像我们用GDP来衡量经济发展的状况。GDP本身只是一个数据，当其用于对医疗和教育的支出进行计算时，与对博彩业的计算是一视同仁的，数据本身并不能反映这些消费领域对未来社会发展所带来的影响。因而会有许多其他指标来衡量社会经济的发展情况，例如社会进步指数（Index of Social Progress），缩写为ISP，它用36项不同的社会和环境指标代替经济指标来评价社会整体发展状况。

全适性的思维也同样希望改变单一的经济收益评价设计的体系，因为其包容共享平等的理念所产生的社会价值更为重要。

以下为对具有人文关怀的设计理念所进行的分析比较。

无障碍设计：针对特定的人群，即残障人士和失能群体，通过专门设计的产品和设施来帮助这部分人群跨越障碍，但设计本身具有过强的目标指向性和排他性。目前的无障碍设计被更多地应用于建筑和公共空间设计，很多国家都通过立法来强制要求一定的无障碍设施，如人行道上的盲道、公共建筑入口的坡道等。

通用设计：对主流产品或服务的设计，不需要通过特别的调整，就能够让尽可能多的用户群体使用。其目标用户群体不仅仅包括残障人士，还考虑年龄、性别、文化背景等多元因素。通用设计起源于美国，在北美有着广泛的受众。但是，其强调标准性，通过数据来规范设计活动。

包容性设计：要求主流设计和服务能够将尽可能多的人群容纳进来，在设计的过程中进行有针对性的优化。以多元用户群体为前提，要求将可包容的范围最大化。在价值观方面，包容性设计更强调多元和平等。

感性工学：将用户的情绪和需求的分析纳入工学研究领域。将人的情绪情感转译到工学研究的范畴中去。感性工学起源于日本，在诞生之初就与产业实践相结合，在汽车设计和公共空间设计中应用广泛。目前的发展更多地将脑波测试和眼动测试结合到研究之中，试图更多地考察人的感性情绪对设计的影响。

跨代设计：主要强调通过设计打破年龄的隔阂，使产品或服务同时满足不同年龄层的需求。这一设计理念的主要研究成果在英国，其重点关注代际沟通，同时也强调包容性在设计过程中的作用。

全生命周期设计：或称全龄设计、全寿命设计，强调产品设计的规划、设计、生产、经销、运行、使用、维修保养、直到回收再利用的完整过程都要考虑和进行优化。在设计管理的理论中经常被提到。

服务设计：以改善用户体验和服务质量为目标的设计方法，强调对人的关怀。其具有跨领域的特征，是一个高度整合的整体框架。其主要关注的是利益相关者的用户体验。

全适性设计：期望将特殊需求人士作为研究对象，并首先从这些群体入手，采用非教条的柔性标准，在设计满足他们的需求的同时，将方案推广至主流人群，实现普适的设计成果。

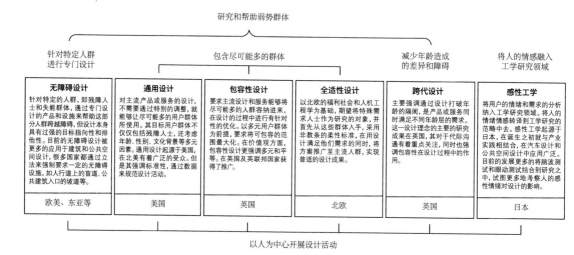

图3-1　具有人文关怀性质设计的分析对比图表
资料来源：作者自制

3.1.3　全适性思维的核心点

全适性思维的核心点在于：始终把人作为研究的中心。显然这是一种设计的概念和方法，设计本身的目标导向是物，是产品，但其目标是人，所以作为设计目标的人对思维起着主导作用。思维应当立足于现实生活中的人，包括所有的社会人的总体，以人的尺度决定运行方向、进程的主要因素，成为思维的核心点。

同时，共享的理念是全适性的内生价值决定的。毫无疑问，全适性设计思维的核心点也包括参与和共享。实际上，随着20世纪60年代全球性的社会变革的发生，设计学科也发生着从专业化到广泛参与的变化。"用户参与设计的过程"成了逐渐被接受的理念。对于设计参与过程的理解，按照理查德·布坎南所说的"服务于工作、生活、娱乐和学习的复杂系统设计或环境设计"中，应有的理解方式：理解一种政治想象情境，即"一致行动"，因而也就是一个协同建构过程①。

可见，全适性思维不是脱离人类生活实践的概念游戏，它来源于人的生活，它的思维方式、规则、过程是在人的头脑中对于现实生活感知后的动态反映。

为什么人是全适性思维的核心点？因为设计物经过复杂的过程，最后到达目的地，但人却直接决定了物，全适性思维不是与人无关的"客观的"思维。全适性寻求一种价值，而价值是与人相关且同一的，离开了人就无所谓价值的存在，只有从人，实际的、现实的、生活中的人出发，以人包括特殊人群和普通人群的尺度为核心，展开设计实践，才能获得解决问题的方式，达到生活的、社会的、社区的共享，创造一种新的价值。因此，全适性思维以人为核心就是以设计主体相关的思维为核心，一种主体指涉的思维，这是人在社会发展过程中对人的反思，把握人自身的一种方式。

---

① 布鲁斯·布朗，理查德·布坎南，卡尔·迪桑沃，等．设计问题：本质与逻辑 [M].孙志祥，辛向阳，谢竟贤，译．南京：江苏凤凰美术出版社，2021：112.

这种人性的自觉，是人认识自我的标志，也是人自身发展、社会进步的一种刻度。思维以此为核心，才能是以尊重和确立人的主体性、多元性、共享性为目标的思维。

从经济层面控制成本支出也是一个基本要素。成本高昂的解决方案虽然简单直接，但往往带来新的问题。全适性设计期望以一个合理的成本完成尽可能高的适应性，不会增加使用者的负担。

全适性思维同样关注对于生态环境的影响。很长一段时间以来，谈到生态的问题，人们往往关注的是环境保护。如果考虑到人本身也是生态的一部分，以及人造物已经无可避免地进入生态的循环之中，那似乎应该用一个更整体的系统来看待这一切。身处生态系统之中，人以及人造物必然对所处的环境产生影响。如果将生态系统看作一个有机的相关者，那么全适性思维一样要考虑对这一系统的包容和适应。

全适性思维将人作为核心，是由于全适性设计的价值属于人性价值，因而全适性不是与人无关的客体思维，不是人之外的一个生态问题，而是包含着人的一个有机系统。那种只考虑物，只考虑人的贪婪欲望的设计是真正造成生态问题的原因，而治理生态问题，那种撇开主体、独立于人之外的纯客观的自然过程，也仅仅是一种理想而缺少实际意义。只有从现实活动着的人出发，以人的尺度为核心，去实践生态的平衡，把握自然生态的规律。

这一重要的思维核心，是全适性设计的立足点和根据，它决定着全适性的运思过程和方向，无论设计如何多向度，如何智能化，都必须要观察其在生活实践中是否适合于人，是否贴近人，与人的尺度相一致。在现实中的人，因其民族、文化、历史、宗教、阶层的不同，有着不同的信念、兴趣、需要、能力和利益，有着个人的独特的丰富的个性，在全球化的今日，随着生活交往的加强，利益之间的相关性日益增加，面对社会存在的共同问题，在人与人之间对话、沟通、协作，在特殊性中寻求其一般性和普遍性意义，寻求现实生活的合作达到共享、共赢的目标，去实现人的存在和生命存在的设计实践意义。

3.1.4　全适性设计的系统思维

系统可以被认为是一组实体和这些实体之间的关系所构成的集合，这一集合作为一个有机的整体，具备特定的功能。客观世界存在两种系统：一是自然形成的系统，如生物体的结构、某些特定的生态环境等；二是人为创造的架构，包括社会体系、某种方法或工具等。

区别于单一的具体设计，全适性设计本质上是一种系统化思维。系统化思维是一种逻辑抽象能力。系统中的各个要素互相之间产生的联系被称为"架构"（architecture），架构也被认为是通过某种抽象方式对系统和要素进行描述。

应对复杂多变的社会现实，以整体和系统的思维来应对是目前全球化与多元社会的客观要求。传统上经常被提及的系统思维往往是在金融和管理领域内，同时在社会治理方面，注重系统和规划几乎是一种必须。

在用户体验设计中同样有系统设计的思维，这要求设计师不仅考虑产品本身以及用户主体，同时将产品的全生命周期作为一个完整的体系加以考虑。全适性设计要求将利益相关者纳入设计的考虑中来，也是考虑了整个系统。

因此，全适性设计思维更是一种全面性的关系思维，它是作为人之前提和基础并将人与社会、生活、经济、管理、网络当作一个系统关系而存在的。这种系统思维，不是一般地把对象放在某种社会的联系之中，不是简单地思考人与物的关系，也不是把特殊人群从社会联系中抽取出来，孤立起来思考，而是将其置于社会、社区、伦理、价值、文化、经济的现实实践关系中进行的。在人与社会世界客体的全面系统关系中，思考是否符合人，符合种种人的目的利益，是否能够满足他们的需求，需求的人是否能够意识到对于他们的价值意义，并能合理地、简易地把握其在生活中实现，创造出一个提升的新的理想的生活。

这是一种全面的关系思维，它超出了过去设计师与用户、生产企业与市场之间的单一的利益关系，甚至超出了单纯的人的利益、欲望、需求等，它的思维"关系态"是把人，包括任何人的问题都纳入社会性、伦理性和生活共享性的现实关系之中。这是全适性思维的选择，是依托特殊人群而展开的伦理上的思考，要在设计中实践这一思考取决于多种因素，一方面，已经有类似用户因素和为针对特殊人群服务的因素等选择；另一方面，那些社会、社区、伦理、价值、文化、经济、共享因素也参与进来，普及化的网络、社交、智能化与移动电话也将能带来解决问题的全新方案。这些是一个相互关联的系统思维结构，人与人、人与社区、人与物、物与共享、生活与满足构成了"关系态"思维的基本特征。

这种系统思维也是协作思维，是作为一种特定的"协作质"而产生并存在于主持者和设计者心中，它充满人性并系统、综合性、创造性地把握协作关系，进而在实践中不断更换、补充、变革，实现其目标。

3.2 全适性思维与个性化创意的平衡

全适性思维有时会被误解为以一套统一的模式应对所有不同的情况，被认为缺乏多样性与个性化。这种观点是不正确的。全适性设计作为一种价值观和方法论，强调的并非僵化的教条。全适性设计的成果，最终也可能是一个具备多种可行性的解决方案的集合。而目前科技的发展在设计干预的过程中提供了更多的可能。技术驱动创新是对设计驱动创新的重要支持，随着更多的辅助技术应用于设计的终端方案，全适性设计也可以不断地扩展其所服务的人群和应用的领域。全适性设计思维的创新认知也在这一过程中不断完善。

3.2.1 辅助技术的个性化解决方案

传统上认为，创新可以分为技术驱动创新和市场驱动创新两种。相关研究表明，在技术创新领域取得突破性成就的企业，会逐渐成长为业界的领头羊。意大利学者罗伯托·维甘提在他的著作《第三种创新》中提出了设计驱动型创新。设计驱动型创新也是本文探讨的主要内容，而市场驱动创新在其他章节也有所涉及。在这一节，主要谈论设计中的技术因素。

在漫长的设计史中，技术所起到的作用及其对于设计的参与形式，在不同历史阶段拥有不同的表现形式。工业革命区分了手工业和机械化大生产，设计的形式也变得截然不同。技术为设计提供新的手段，但辅助技术本身也是需要设计作为载体来呈现的。

全适性设计并不能简单地理解为通过设计实现所有人的愿望，这受到客观技术条件的限制。举例而言，如前文也曾提及，下半身瘫痪的人士无法站起来打篮球，但残疾人奥运会中却设立有轮椅篮球的比赛项目，参加的运动员都有着腿部的残障问题。比赛中所使用的轮椅是特别制作的，技术上要符合国际轮椅联合会的要求，这一辅助技术和器材，实现了残疾运动员参与篮球运动的可能。如果是全身瘫痪的人士，似乎就彻底无缘这项运动了。在过去的数十年间，这是一种常识。但随着脑机接口以及外骨骼技术的发展，也许借助于辅助技术，这一可能性变为现实也不再是无法展望的未来了。

辅助技术可以应用于终端产品，也可以用于设计开发过程。在全适性设计中经常被采用的辅助技术包含了设计干预中的全适性因素。设计干预（Design Intervention）是引发客观世界活动并干预人类行为的一种原动力。而这些活动和行为在很多方面都对设计的交互起到重要作用[①]。近年来，一个显著的趋势是：艺术、设计与大数据、人工智能等技术的融合。

对于视障人群而言，语音反馈的识别录入是一种很重要的技术辅助形式。相关工作在很多年前就已经开展，但识别的准确度和产品的易用性一直难以提升。这有其自身的难点所在，针对人类语音的研究是一门典型的交叉学科，涉及声学、听觉、信号处理、语音语言学、生理学、认知科学、统计学、机器学习等众多领域[②]。但是，近来随着人工智能技术的突破以及交互领域的发展，通过智能语音识别，已经可以为视障人士及手部残障人士提供文字录入的另一种解决方案。而随着语音输入的准确性不断提升，越来越多的一般用户群体开始采用这种输入法来提高工作效率。这同样是一个涵盖了特殊需求群体，同时普遍适用主流群体用户的案例。

眼动追踪技术，也是全适性设计过程中一种重要的辅助技术。眼睛主要被用于观察，但其同时也是除语言和动作外，人与人之间沟通的重要渠道。眼动追踪技术常被应用于互联网开发过程，用以描述用户的行为习惯。通过追踪用户的目光在网络界面以及移动终端上的变动，借以收集记录其浏览习惯，捕捉用户的潜意识行为。从一个人的眼球动作中来解释其意图并不是一个简单的工作。但是，作为主要的感知器官，眼睛所能传达出的信息可能超出我们的认知。

眼动追踪已经发展出了一系列的技术合集：眼电图（EOG）、视频眼部造影（VOG）以及照片眼部造影（POG）等。目前常见的眼动仪，也已经可以做到体积小型化，对于环境的要求也不严苛，就像一副普通眼镜，测试者佩戴后可以在不同环境中活动。对于知觉研究、决策研究以及运动心理学等领域，眼动技术都是一个很好的补充。

---

① Design Interventions—（Prototyping User Experience 2/3）[EB/OL]. https://medium.com/@careyhillsmith/design-interventions-76a8d1827ad7.
② 谢磊. 深蓝学院公开课，智能语音技术新发展与发展趋势 [R]. 2022.

在全适性设计的开发环节中，有部分测试程序可以利用眼动追踪技术。常见的流程为，测试人员（具有某种特殊需求的用户）佩戴眼动仪，进入特定的场景并使用相对应的设施设备（例如超市购物或在健身场所进行锻炼），眼动仪会记录其目光凝视的停留信息，包括方位和时长，视觉的搜索轨迹，眼跳的幅度和速度等。这些内容反映了人在认知活动中的应对。现行的微处理器，对这些信息的实时回收整理并不困难。这些信息之后可以用于分析。当然，一段较长时间的凝视可以代表强烈的兴趣，但也可能代表对操作使用的疑惑。这些信息需要更复杂的分析，有时仍需要研究人员的人为介入。在用户实验中，眼动技术也更适合与其他研究方法（如观察法、问卷法或访谈法）配合使用，以便于互补或进行交叉验证。

另外，对一些身体无法行动但能够很好地控制眼球运动的人来说，眼动追踪系统有着比参与设计更为重要的功能。这套系统提供了通过眼睛进行控制的可能。

除了眼动追踪技术外，还有手势及头部跟踪等技术，同样可被用于用户的研究，在此不再复述。

对于设计中的技术伦理的讨论，在前工业化时代，设计中的技术参与提升了生产力状况，几乎各民族的传统中，都存在着对技术高超的工匠的崇拜，如西方古希腊神话中的火神与工匠之神赫菲斯托斯，以及中国民间传说中的鲁班等。而进入工业化时代，机器的发明使用以及对技术的依赖，在大大提升生产效率的同时，也对设计的技术伦理产生影响。

技术的进步并不总是对设计活动产生正面的意义，技术辅助在设计领域同样是一把双刃剑，对技术的过度依赖和误用已经导致了各种问题。现如今，许多产品都缺乏内在价值和持久意义。特别是当它们把基于快速进步的科技作为主要的工具性产品时，这一点尤其突出。这就引出了一个问题，我们如何才能使产品有超越实际效用的意义[①]。对于功能主

---

① 斯图尔特·沃克．可持续性设计：物质世界的根本性变革 [M]．张慧琴，马誉铭，译．北京：中国纺织出版社，2019：31.

图 3-2 计算机自动生成的家具设计

资料来源：https://www.lauritz.com/da/auktion/clemens-weisshaar-reed-kram-skulpturelt-spisebord-model-b/i4845642/

义的常见批评就包括过度使用技术、过度依赖控制论等。

近年来，人工智能领域的快速发展同样提供了技术辅助的案例。美国OpenAI公司研发的ChatGPT人工智能技术，在推出仅仅两个月后，就被评为"历史上增长最快的消费应用程序"。作为一个人工智能语言模型，其被应用于多项任务的辅助工作。很多人将其用于创造性的文字工作，制订计划书、编写描述性文章甚至撰写论文。通过大量数据的训练，此程序可以回答复杂的问题，甚至能完成专业性的文章。到笔者撰写这部分内容时为止，已经有人开始担心此程序的盛行可能导致学生抄袭成风。据《纽约时报》报道，美国多所大学已经着手调整工作流程，甚至要求学生提交手写论文以杜绝使用ChatGPT书写论文的行为。由此也引发了对于机器代替人类进行创造性活动的担忧。

类似OpenAI公司应用人工智能技术代替人类进行创造活动的例子，在设计界同样有很多。设计师里德·克拉姆（Reed Kram）和克莱门斯·韦舍尔（Clemens Weissher）尝试通过计算机自动生成设计创意（图3-2）。通过编写和设定程序，创造了一套逻辑系统语言，当把具体的设计要求输入计算机后，软件会自动生成家具的造型，甚至包括力学结构数据也已经分析完成。但是，这所引发的质疑在于：这件家具还能否称为这两位设计师的设计作品？

设计不仅仅是技术过程，它也是一种以人为中心的活动，涉及美学、符号体系和意义。因此，从本质上来讲设计涉及将技术过程与以人为中心的活动相结合的"二元性"[①]。关于这种二元性，我们认为其应当在技术知识与人本知识之间取得一种平衡，对于全适性设计而言，我们认为其应当是一种整合两者的创新型创造活动。

但是，哪怕是采用人工智能进行机器学习，也不能够期待人工智能独立发现需要解决的问题，问题的定义只能由人通过用户研究来确定。在全适性设计的理论中，人的感受具有重要的地位，技术辅助只有尊重人的情感、价值、伦理并实现对尽可能多的人群的包容，才能称得上是对于设计有效帮助的载体。

3.2.2 全适性与多样性的设计合集解决方案

一个常见的问题是：全适性设计所倡导的是否为单一的设计解决方案，以单一方案适配尽可能大规模的人群，反对个性化和多样性？

答案是否定的。

多样化的设计合集解决方案，通常才是全适性的一个实现途径。对于用户而言，设计方案能否进行个性化调整也是该设计能否实现全适性的一个重要参照。一个标准化、参数化的单一解决方案，对于目标人群的适应往往是困难的，因为这一方案涉及的相关者群体庞大而复杂，无法一以贯之的简单统一。

罗伯托·维甘提认为，设计师、工程师、艺术家、研究人员以及媒体都是设计驱动创新的"诠释者"，企业与所有这些"诠释者"在一个共通的系统中直接或间接的交流互动，他们彼此之间构成的网状结构的研究过程就是设计论述。消费者或者说用户与"诠释者"之间存在着双向互动，用户本身借此机会参与到产品的设计中来。

---

① 布鲁斯·布朗，理查德·布坎南，卡尔·迪桑沃，等. 设计问题：本质与逻辑 [M]. 孙志祥，辛向阳，谢竟贤，译. 南京：江苏凤凰美术出版社，2021：140.

在这里我们看到"诠释者"的角色是多元化的，他们有着不同的文化和技术背景；而在这个网状结构的另一端，用户的身份同样是多样的，年龄、性别、宗教信仰以及专业知识的不同都可以帮助他们成为"先导用户"（Lead user）。

单一技术方案导致失败的案例有很多，在商业界尤其如此。柯达公司首先发明了数字影像相机，诺基亚发明了世界上第一个触摸屏手机，但这两项伟大的创新却并未能帮助这两家公司获得成功，哪怕他们都曾经有着业界首屈一指的领先地位。这提醒我们，仅仅依靠技术创新是不够的。技术创新应当符合多样化与系统化的模式，在商业层面，则应当适应市场的变化，对消费者的期望有充分的了解。

一个单一的技术创新可以改变物的功能，但在一个复杂的社会中有许多棘手的问题，不可能以单一的技术解决它们，必须将技术应用于社会系统，社会系统中的机构、经济、管理、企业去调整并消化这些技术，然后去实现社会发展的目标，这就构成了多样性的社会合集解决方案。而这样的社会合集方案在技术的发明者心中，可能从未有过思考，单靠纯粹的技术解决社会设计问题已经过时，现在的设计创新是将单一技术纳入社会技术系统之中，由社会、经济、文化、管理等一起参与，整合成一种新型的合集形式，有效并改变了过去的方式，全适性正是这样的一种方式。

如前所述，全适性的思维方式是全面关系的思维方式，既是以人为核心、生活实践为范式的实践性思维，同时也是一种考虑全面关系的系统性思维，属于关联性的、协作性的生成思维。应该特别指出的是：这种方式并不是将技术割裂，单一地针对某个问题，而是多样的，相互关联并内在统一的，从不同角度协作合集所展开的方式。在各种社会中合集的方式有所不同，如一种高度发展的现代社会状态下，智能化、高科技、快速经济发展和社会伦理、设计创新整合，形成新颖合集式的解决方案；在一种发展缓慢的传统社会状况下，社会、经济、文化、管理和技术、社区、伦理、关怀协作整合，具有更为多变又适当的合集形式来解决问题。因此，多样性的设计合集解决方案是全适性设计的一个特征。

3.2.3　全适性设计思维的创新认知

理查德·布坎南（Richard Buchanan）在《设计思维中的诡异问题》（Wicked Problems in Design Thinking）中认为，任何一种对于设计的定义，或是某个具体的设计领域（如工业设计、平面设计等），都没法全面涵盖所有的设计思维和方法。当人们碰到某些问题时，寻找解决的方法只有通过"创新"，而首先是思维的创新。

对全适性设计思维的创新认知，埃佐·曼奇尼所说的是："在21世纪，社会创新与设计活动相互交织在一起，社会创新既是设计活动的推动力，又是设计活动的目标。"[①]创新是设计的推动力、是设计的目标，那么，全适性设计思维的创新是如何推动设计的？它又达成了什么样的设计目标？

设计创新是十分广泛的，但并不是所有的设计创新都是全适性的，新材料、新技术的应用可以产生创新，新技术推动设计发展的例子很多，如无线网络，但它并没有达到全适性，它只适合掌握它的人。新材料推动设计的例子也特别多，如塑料、碳合金，它带来了设计创新和生活的改变，但它并不能改变特殊人群的生活质量。因此，我们并不认为这些设计创新就是全适性设计，因为这些产品并没有针对生活有障碍者，在生活有障碍的特殊人群与这些产品之间还存在着障碍。

以上事例的创新对于社会与人的生活的贡献应当深化、拓展出具有针对性的共享。设计活动应该是一种融入伦理、文化、关怀和对话的过程，而创新与伦理关怀、对话与共享几乎是存在于整个过程之中。在对话过程中，特殊需求者都会提出种种要求和想法，尽管一时无法满足，但只要设计者站在对方的立场思考，就会改变原有的认识和想法，改变以前的设计方式，与他们达成共识。这种建立越多的与参与者合作的方式，是全适性设计思

---

① 埃佐·曼奇尼. 设计，在人人设计的时代：社会创新设计导论 [M]. 钟芳，马谨，译. 北京：电子工业出版社，2016：67.

维的模式，在此基础上获得的解决方案，就是全适性的设计成果。

设计者只有立足于沟通、对话，站在特殊人群的立场，而对话双方一方面应用掌握的技能去解决特殊的功能，另一方面则体验新设计方案所带来的便利与价值，由此而产生的创新打破了以往的创新范式，所达成的目标涉及所有人。当今社会在发生急剧的环境变化，人类面临老龄化的压力，设计者必须在这一复杂多变的环境下工作，而技术与知识只是完成设计的技巧，真正的创新来自开放的思维，全适性的目标也在其中得到完成。

全适性设计的创新具有创新方式转换的意义。它不是一种技术的创新，也不是针对性的设计的创新，是具有多方面的理论和现实意义，具有社会创新和设计创新的强大驱动力。本文所论述的就是试图对全适性创新在理论和实践上展示这种意义，提供可能的方案和新的设计思维与知识系统，重要的是还包含着特殊人群与社会文化。因此，在如何推动和达成目标上，首先引入"伦理关怀"和"共享理念"这两个概念，使之在社会生活中的不同人群间创造出新的和谐价值。

3.3　全适性设计创新思维在不同领域的延伸

全适性的创新思维，区别于一种设计的方法，可以在不同的领域获得延伸。设计思维被应用于整合跨领域的复杂问题，在全适性思维的统领下，不同领域的知识体系重叠交叉，对于同一个问题可以用不同的视角进行审视，以寻求更具创新的解决方案。

在此仅选取三个方向：学习认知领域、医疗康复领域、认知活动的领域进行阐述。全适性创新思维的理念可以普遍地应用于人类社会活动的各个方面，引导批判性思维，打破固有模式进而产生创意创新。

3.3.1　全适性思维在学习认知领域的应用

唐纳德·诺曼（Donald Arthur Norman）在他的《情感化设计》（*Emotional Design*）一书中，将人类的情感认知定义为本能（visceral）、行为（behavioral）和反思（reflective）三个层级[①]。作为认知科学学会的发起人之一，诺曼前期的研究集中在记忆、注意力以及潜意识等方面，而在后期，其关注的重点转向了产品设计的情感化和易用性。在诺曼的《设计心理学》系列著作中，认为设计的本质是要满足人的需要，既要满足人的理性需求，也要满足人的情感需求。

教育的过程也是一种认知的过程。在《论语·卫灵公》中，孔子曰"有教无类"，这是其理想中的人人平等地接受教育的大同世界，而全适性思维同样把关注的核心点聚焦于人的需求。全适性的设计教育（Education for All），或者也可称为为了所有人的设计教育。

约翰·杜威（John Dewey）在其著作《确定性的寻求——关于知行关系的研究》中，认为科学本身是一种有目的性的实践行为，对于客观事物的认知就是这一目的性活动的核心特征，知识的确定则是一个不断追求的过程。

我们的生活都与设计有关。作为终端用户，我们既是消费者，又是组成我们这个世界

---

① 唐纳德·诺曼. 情感化设计 [M]. 何笑梅，欧秋杏，译. 北京：中信出版社，2015：23.

的环境、建筑、工具和人造物的受害者。如果设计是为了达成有意义的秩序而进行的一种有意识且富于直觉的努力，那么应该怎么教，为什么教呢？[①]

帕帕内克对于设计服务人群的提问涉及教育与应用问题，新知识的获得来自两个重要的方面，一是发达的互联网，二是设计院校和社区学校。互联网上各种相关信息是设计机构和研究机构的成果，借助互联网传播流通，它快速、巨量、庞杂，需要认真择取和鉴别，它是民众获得设计新知识和新工具的来源。设计院校是学术研究与培养人才的地方，是产生新思想、新理念的场所，但有时也是保守、缺乏创新精神的地方。创新大多来自设计实践，一些大规模的设计机构和富有探索精神的设计家应该成为知识创新的先锋。一些社区学校和设计项目也是知识创新的传播点和应用平台。

传媒应该是传播新知识的主要途径，如早在100年前，德意志制造联盟成立之初，就开展了对普通民众的设计教育，最初的方式是通过拍摄短影片，在电影放映前播放，介绍新型的设计如整体式橱柜如何清洁、便利，对生活方式的转变产生影响。再如感性工学诞生之初，参与研究的信州大学专家就利用无线电台介绍感性工学的原理与组成，并展示对实际生活的应用价值。全适性的设计教育同样可以通过现代发达的网络传媒来介绍其现实意义和具体方式，其理念、方法、组织和技术由专家决定，而测试、体验和应用则由参与者和受惠者亲自介绍，还可与观众对话产生综合效应。

全适性的设计教育是为所有人的设计教育，除了网络平台的介绍和互动对话方式，还可通过社区学校和新设计发布活动对普通民众和特殊人群进行教育。在此过程中，社区老年人、生活有障碍者和普通人群通过社区组织分期、分批开展教育活动，了解全适性的意义和价值。设计者、公司、参与者共同选择内容和产品，对话和互动可在公众场合进行。而最重要的是：通过活动发动民众支持正在进行的项目，提出不同的思路和想法，甚至引发新的全适性项目的立项。

---

① 维克多·J.帕帕内克.绿色律令[M].周博，译.北京：中信出版社，2013：251.

3.3.2 全适性思维在医疗康复领域的应用

自工业革命以来，人类在医疗与康复领域取得了长足发展，这首先表现在全球人均寿命的提高。根据世界卫生组织在2019年公布的报告，在全世界224个国家和地区中，男性的总体平均寿命为70.31岁，女性则为75.33岁。比起19世纪中叶仅仅40多岁的全球人均寿命，有了巨大的提升。国家卫健委发布的《2021年我国卫生健康事业发展统计公报》显示，中国居民人均预期寿命在2021年达到了78.2岁，这同样是一个了不起的成就。而医疗技术的发展和医疗资源的普及在这一过程中起到了至关重要的作用。

但是，正如反向摩尔定律（Eroom's Law）所描述的那样，医疗康复领域的投入产出比在过去数十年间不断下滑。这似乎意味着通过投资研发新的医疗技术和设备，其对需要医疗帮助的群体所产生的边际效用不断递减。这里有一个实例，是关于在医疗保健领域的花销。在医疗保健方面最大的消费者是北美人，但他们比日本人或西班牙人的平均寿命更短，而日本人和西班牙人在医疗保健方面的开销都要少得多。这似乎证明花钱并不能带来更好的健康，至少不是更长寿[1]。然而北美地区一般也被认为是医疗和康复技术最为发达的地区，医疗资源的人均占有率也较高。这说明在纯技术和投入领域之外，还有着其他重要的因素影响人们的健康。

20世纪80年代，工业设计师及建筑师艾伦·泰伊（Alan Tye）先生已经提出了身体思维方法与研究的概念，明确设计的目标是人类的健康、幸福和快乐。他首先提出了健康工业设计的概念（Health Industrial Design，HID），这是一种非理论层面的实践类方法。其宗旨是要改善人类的生活环境，保持用户的健康[2]。与健康设计相类似的，全适性设计同样关注于人本身。如果能够更多地关注病人的需求，将不同的用户群体纳入设计的考量之

---

① 约翰·萨卡拉.泡沫之中：复杂世界的设计 [M]. 曾乙文，译.南京：江苏凤凰美术出版社，2022：113.
② 邓嵘.健康设计思维与方法 [M]. 南京：江苏凤凰美术出版社，2022：3.

图 3-3　日本梅田医院导视设计——原研哉
资料来源：Nippon Design Center, Inc. https://www.ndc.co.jp/works/
umedahospital-2015/

中，践行共享与共情的理念，则是在技术与投资的思路之外，为医疗和康复领域提供了一种新的思维。

日本梅田医院的标识系统，由设计师原研哉所设计，通过白色棉布的柔软和洁净，经由视觉联结触觉，通过与医院的使用者共情，考虑他们的精神与情感需求，完成了这一出色的设计（图3-3）。后续的调查访问指出，这一设计不仅抚慰了来院就医的病人和家属的情感，同时也对医生的工作效率和情绪产生了积极的影响。这也是系统性设计的一个典范。

传统的医疗产品，由于其专业性和复杂性，往往必须由专业的医护人员在特定的医疗场所进行操作。而如今医疗产品设计的一大趋势是小型化和家用化。由于操作者并非专业人士，因此全适性的概念可以应用于此。

家用医疗产品的受众很多都是身体上有一定残疾的人士，以往他们常常被排除在自行使用医疗产品的可能之外，这带来了额外的工作量和成本，也给很多病人带来不便。但是，目前已经有越来越多的家用医疗产品，不再区别对待特殊群体，不再从现有产品上进

图 3-4　瑞健医疗 (SHL Medical) 笔形自动注射器 Molly
资料来源：瑞健医疗官方网站，https://www.shl-medical.com/zh-hant/about-shl/

行额外的附加改造，而是应用全适性的理念，让用户群体最大化。

由瑞健医疗（SHL Medical）研发的笔形自动注射器Molly，主要用于2型糖尿病患者的胰岛素注射以及矮小症儿童的生长激素注射（图3-4）。与传统的便携式注射器不同，这款产品的使用极为简单，只需要开盖、按压两个动作。考虑到家用和随身携带的需求，以及使用者并非专业医疗人员的因素，其固定剂量以及单次注射的设计，让几乎所有人，包括儿童都能完成开盖和按压这两个简单动作，最终自己完成注射。隐藏式的无痛针头，在生理和心理两方面减轻了使用者的负担；注射开始和结束时的反馈音、注射剂量的可视窗口，都使得皮下注射的操作变得人人可用，同时也最大限度地减小了误操作的可能性。

医疗产品、保健器械、复健器具等，在全世界都是具有巨大潜力的市场，全适性设计思维及方法在这些领域有着很大的发展空间。目前许多医疗企业，例如辉瑞（Pfizer）、诺华（Novartis）等都已经与全适性设计的研究机构展开合作，这使得全适性的思维和工具在医疗康复领域产生了延展的应用。

3.3.3　全适性思维在认知活动中的价值体现

梅洛-庞蒂（Merleau-Ponty）在知觉现象学里喜欢以手为例子来阐述："当我用手触摸某物时，它也在触摸我的手。"

认知是人类思维处理信息、思考、记忆、推理和做出决定的能力。认知能力的程度因人而异。在门类多样的认知学科中，无论过去还是未来，许多研究人员都把研究的焦点放在心理过程或者大脑的内部机制上。此外，尽管没有完全忽略外部刺激或生态特征（例如空间、工具、产品、信息技术和工作领域）以及身体的重要性，但是一般认为它们的重要

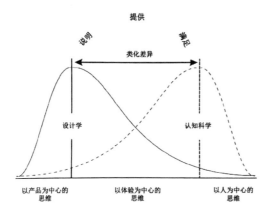

图 3-5 设计学与认知科学在类化上的差异

资料来源：设计问题：服务与社会

性不及认知科学的主要研究兴趣以及针对认知科学家的培养要求。当然，与设计学一样，也有人希望把研究视野拓展到有关体验的方方面面，包括生态心理学、生态理性、情境认知、具身认知以及进化心理学[①]。

设计学中，同样有认知的过程。如果将这两门学科进行类比，会发现他们侧重不同。传统的设计学更多的是以产品为中心的思维，而认知科学的思维核心则是人（图3-5）。

通过上图可以看到，设计学与认知科学在类化上的差异，在关于人与产品的体验上，他们的视角和描述语言是截然不同的。而有些跨领域的研究学者试图将两者结合起来。

日本人田中直人和保志场国夫著有《无障碍环境设计——刺激五感的设计方法》一书，从刺激人的感觉器官出发，介绍在空间环境中进行无障碍设计的方法。这是将认知定义于设计方法中进行的研究。

人们对世界的认知是从外界对感觉器官产生刺激开始的。当人们的身体出现某种机能

① 布鲁斯·布朗，理查德·布坎南，卡尔·迪桑沃，等.设计问题：服务与社会 [M].孙志祥，辛向阳，谢竞贤，译.南京：江苏凤凰美术出版社，2021：100.

障碍的时候，其相应的活动开始受到限制，感受来自社会和自然界各种刺激的能力会逐渐减少，因而使得人们的感觉能力逐渐下降，结果就会造成人的某些机能逐渐低下（发生多重障碍的可能性增加）。如果此时实施必要的刺激疗法，就有可能激发（develop）人们潜在的感觉能力[①]。

举例而言，环境中的照明和灯光设计，铺设地面所选取的材质，空间中的声响提示和回音，温度、湿度以及气味等，都可以是用于刺激五感从而降低障碍的设计方法。很多具有生理机能障碍的人士相比普通人有着更为敏感的知觉能力，对于在设计中设置的微小刺激都能有较好的感知和反馈。而对于一般用户，即使不能刻意地感知到这些变化，但潜意识中可以被这些微小的刺激所影响，获得更加舒适和安心的效果。如果此类设计在满足功能需求的同时可以兼具美学要素，那便可以为多方所接受。这样的做法，对于普通用户而言同样有积极的意义，可谓符合全适的定义。

认知层面引入全适性，一个典型的例子是人机交互领域所引进的相关概念。在人机交互领域（Human-Computer Interaction，HCI），欧洲于20世纪末开始有针对性地引入全适性设计的概念。这一行动的推进主要的基础在于欧盟委员会所资助的一系列全适性设计的研究工作（Stephanidis and Emiliani, 1999; Stephanidis et al., 1998; Stephanidis et al., 1999）。在这一领域的全适性设计方法，主要基于对三个原有传统的融合：

1. 以用户为中心的设计（User-centered design），将用户置于交互设计过程的中心。

2. 为残障人士的无障碍以及辅助技术（accessibility and assistive technologies）。

3. 实体产品以及建筑环境的通用设计（Universal Design）[②]。

今天当我们讨论认知的时候，人工智能是一个避不开的话题，这是否也是一种认知？

---

① 田中直人，保志场国夫. 无障碍环境设计：刺激五感的设计方法 [M]. 陈浩，陈燕，译. 北京：中国建筑工业出版社，2013：26.
② Constantine Stephanidis, Interaction Design Foundation, The Encyclopedia of Human-Computer Interaction, Chapter 42.

逻辑推理、概率模型、深度学习是近几年人工智能发展的几条主线。围绕这些主线，人工智能的模型和算法支撑了推理、证明、分类、预测生成等基本动作[①]。

考虑到这一话题的前沿性，以及人工智能技术当前仍在快速发展的现状，对这一问题的讨论在此仅作简单的描述：当我们考察人工智能等辅助工具的时候，需要区分在这一领域内的设计思维和机器思维模式。前者具有同理心，会通过创造性以及社会化的思考，来探索解决方案；而后者不考虑感性的需求，在数据等资源的定义下，通过工程标准取得最优解。这两种思维具有本质区别，在通过设计解决问题的方式上也有着巨大差异。

---

① 孙凌云. 智能产品设计 [M]. 北京：高等教育出版社，2020：271.

3.4 对全适性思维的展望与反思

在经历了长达30年的稳定发展后，当今世界又迎来了保守和收缩。贫富差距增大、地区冲突加剧、地缘政治危机不断，区域间的贸易壁垒、排外现象愈演愈烈。全球化在当前走向了反面。全适性思维，作为一种内生价值，在共享和包容的主旨下，可以面向不同国家、民族、文化背景和社会环境。与中国当前推行的"一带一路"政策的共同发展理念相适应，全适性的思维可以更好地面向全球一体化，构建人类命运共同体。

3.4.1 面向全球一体化，构建人类命运共同体

从地质学的角度来说，从大约11700年前的上一次冰河期开始，我们现存的所有人类，或者说"智人"（Homo sapiens），正生活在全新世，这是最年轻的地质年代。从漫长的地球地质年代来看，全新世是一个很短暂的时期，人类的诞生并遍布全球更是仅仅存在于一个很短的时间内。但是，人类的活动却彻底改变了这个世界。

与大多数曾经存在于地球的生物仅仅只能留下化石骨骼不同，如果人类从地球上消失，我们会遗留下大量的构造物，城市、建筑、水利系统、公路铁路网等，混凝土是最有可能留存下来的人类标志。与此同时，还有大量塑料化纤等难以降解的化工成果。这些是有形的物质留存，而实际上我们还有无形的社会建构。

很多人不曾考虑过，迄今为止的全球化，几乎是不受管制的，在政治上是不可控的进程。这并不是由某个国家或某些国家的联合体所规划和制定的发展方向。一方面，先发国家可以通过全球化的进程，通过商品化、商业化和货币化来攫取全球其他地区的资源和劳动力；另一方面，很多发展中国家和经济落后地区，几乎是被快速地强行拉了全球化的风暴，许多之前仍然维持着传统生活方式的人，突然被"现代性"所席卷。随之而来的是全球化带来的一系列问题，人口过剩、生态平衡的打破、区域冲突、资源枯竭、贫富差距扩大……

而中国今天所推行的"一带一路"政策，恰恰是对全球化有目的性的规划。其中的"共享"理念，指的是所获得的经济成果和社会成果等，都由参与"一带一路"的周边国

家共同享有。这种共同参与、互利共赢的局面，符合我国对"一带一路"政策的长远规划和最终目标。

马歇尔·萨林斯（Marshall Sahlins）是研究石器时代人类经济活动的学者，他指出，分散化的定居对于人和财产来说是最好的保护，因为这可以让争夺资源、物品和配偶导致的冲突最小化[①]。对于石器时代的人来说，自然状态下的定居模式就是尽可能地分散化，而对于现代社会，情况是否也是如此？

民航运输业的发展，铁路网尤其是高速铁路系统的铺开，高速公路的不断延伸，彻底改变了人们对于旅行以及整个世界的理解。时间和空间被不断压缩，长途旅行的效率不断提高，无疑在经济活动上产生了巨大的便利。这也在一定程度上促进了巨型都会区（megacity）的诞生。联合国统计局将巨型都市定义为大都会区（urban agglomeration）的常住人口数至少要达到1000万人。

在19世纪初，全球只有约3%的人口居住在城市中，200多年后，这一比例已经超过了50%（2020年世界银行数据为56%）。2020年第七次全国人口普查的报告论述，中国目前共有7座超大型城市和14座特大型城市。

与此同时，巨型都市对于全国人口的虹吸效应也越来越显现出来。以日本为例，日本的三大都市圈（东京都市圈、大阪都市圈、名古屋都市圈），对全国的年轻人来说有着巨大的吸引力，著名的企业、高校以及基础设施建设越来越向这些大都市圈集中。同时，这带来了非都会地区的空心化，农村地区的日益萧条，大量居住区被废弃、基建设施老化维护不善。

日本的巨型都市集中化问题，类似的情况在中国也同样存在，这也需要我们国家警惕。

我们也要看到逆全球化现象的发展。在某种意义上，全球化的发展也在一些国家内部带来了严重的贫富分化现象，这一现象导致了不同阶层的差距越拉越大。施蒂格利茨撰文

---

① 约翰·萨卡拉. 新经济的召唤：设计明日世界 [M]. 马谨，马越，译. 上海：同济大学出版社，2018：131.

批评美国社会的严重阶层分化现象，认为"1%的人所有、1%的人治理、1%的人享用"。

此时，我们需要记住，作为人造真相，社会建构是可变的：如果我们不喜欢，我们总是可以联合起来，改变或消除这些社会建构①。

联合国2030可持续发展目标（The 2030 Agenda for Sustainable Development，又称全球目标，简称SDGs），致力于通过协作共同行动以消除贫困，保护地球生态并确保人类能够持续享有和平与繁荣。这一发展目标包含了可持续发展的三个方面：经济、社会、环境，共有17个目标。

法国经济学家托马斯·皮凯蒂在巴黎领导的一个研究小组发表报告，在1990年到2019年间，全球前1%的排放者造成了近25%的污染。这展现了对于气候变化影响的不平等性。而制造污染最为严重的10%的人群，要为每年近一半的温室气体排放负责。而这部分人群大多为精英群体。

当今我们身处的人类社会，正在面临日益增长的风险和挑战，区域战争、贸易壁垒、技术封锁、排外和歧视等各种问题层出不穷，逆全球化影响的是过去数十年间全世界经济快速发展所积累的成果。

合作以及共享才能推动世界经济朝着更积极健康的方向发展。只有将合作共赢作为目标，才能构造人类命运共同体内部不同社会之间的和谐。习近平总书记指出："世界大同，和合共生，这些都是中国几千年文明一直秉持的理念。不能独善其身，而应该兼济天下。"②

3.4.2 文化与内生价值输出

经济学家陈平认为，西方文化的特点是发展消耗资源、节约人力的技术，而中国文化则是发展消耗人力、节约资源的技术。李约瑟讲到在传统中国的很多发明中，凡是通过吸

---

① 赫克托·麦克唐纳.后真相时代 [M].刘清山，译.南昌：江西人民出版社，2019：243.
② 严文波.中国传统"和合"理念与构建人类命运共同体 [J].红旗文稿，2020（16）.

收人力增加产量的技术，就很容易被吸收，而节省人力的机械技术却难以在中国推广①。这种看法固然有局限性，但也是对近代以来传统中国社会在科技上落后西方的一种解释。科技的落后也必然影响到国家经济的发展以及军事上的安全，而不论是科技、经济还是军事的发展，都有其内生的驱动因素。

自亚当·斯密以来，对于经济增长的驱动因素，一直是经济学界争论的焦点。内生增长理论（The Theory of Endogenous Growth）产生于20世纪80年代中期的一个西方宏观经济理论分支，其核心观点是内生的技术进步是驱动经济增长的决定性因素。而设计进步作为综合技术进步的其中一个因素，也同样是驱动一个社会经济增长的重要力量。全适性设计思维的特点，使其可以作为内生价值增长的一个重要方式。这不仅体现在对于应用价值的提升和创新，也体现在文化价值的输出。

法国经济学家托马斯·皮凯蒂在他的著作《21世纪资本论》中，对不同时间空间下的劳动收入不平等情况做出了数据描述。这一表格数据用以说明不同社会阶层之间的财富分配的情况。我们可以分析和理解不同社会在不同时期的不平等结构变化。

我们可以看到，在多数奉行平等主义的社会，如北欧国家，其劳动收入的分配，相较于美国等社会，维持了较低程度的不平等。一味地推行平等主义也有其缺点，一般认为过分强调社会平等容易导致社会的扁平化，造成竞争和活力不足等问题。不可否认的是：广义上的社会平等，是一个社会富裕和发达的重要指标。全适性的思维要求包容尽可能多的群体，同时从具有特殊需求的少数群体出发。社会保障的理念也是符合这一思维的价值观之一。与此同时，全适性的思维要求将这部分群体作为社会的参与者，纳入方案解决的流程中去。社会的中下阶层不应被仅仅视为需要救济的对象。从对这些群体的研究出发，会发现他们作为社会和经济发展的内生增长动力，是维持社会繁荣的重要基石。

---

① 陈平. 代谢增长论：技术小波和文明兴衰 [M]. 北京：北京大学出版社，2019：61.
② 托马斯·皮凯蒂. 21 世纪资本论 [M]. 巴曙松，译. 北京：中信出版社，2014：251.

表 3-1　不同时间空间下的劳动收入不平等

不同群体占 总劳动收入的份额	低度不平等 (=20 世纪 70、80 年 代斯堪的纳维亚)	中度不平等 (=2010 年欧洲)	高度不平等 (=2010 年美国)	极度不平等 (≈ 2030 年美国)
最上层 10%(上层阶层) 最上层 1%(统治阶层) 其后 9%(富裕阶层)	20% 5% 15%	25% 7% 18%	35% 12% 23%	45% 17% 28%
中间的 40%(中产阶层)	45%	45%	40%	35%
最下层 50%(下层阶层)	35%	30%	25%	20%
相应的基尼系数 (综合不平等指数)	0.19	0.26	0.36	0.46

注：在劳动收入不平等较低的社会里（如 20 世纪 70、80 年代的斯堪的纳维亚国家），收入最高的 10% 人群拿到总国民收入的约 20%；最底层 50% 拿到 35%；中间的 40% 拿到约 45%。相应的基尼系数（数值为 0 到 1 的综合不平等指数）等于 0.19[①]。

资料来源：托马斯·皮凯蒂，《21 世纪资本论》

3.4.3　应对当前世界的保守与收缩

社会学家贝拉（Bellah，1985年）等人在《心的习惯》一书中，批判了家庭瓦解、社区瓦解等现象。西方社会强调个人自由和国家福利两个极端，却摧毁了民间社会，尤其是家庭和社区[①]。但这本质上同样也是新自由主义所推行的现代价值观。基于传统家庭和社区的责任及义务，被转嫁于更广阔层面的社会体系之中，长期以来被看作是社会进步以及经济发展的重要革新。但在进入21世纪20年代的今天，情况似乎发生了变化。

约瑟夫·斯蒂格利茨（Joseph E. Stiglitz）在其新作《新自由主义的终结与历史的新生》中指出，我们今天所面临的是"基于规则的自由主义全球秩序的衰退"。这意味着基于福利社会的涓滴效应进而惠及包含最穷困人群在内的社会大众这一概念受到质疑。气候变化与粮食危机、逆全球化与地区孤立主义、全球流行性疾病、民粹主义与反智主义的抬头，这些都是当前全世界共同面对的难题。虽然北欧的设计伦理能够在本地区推行，但是

---

① 陈平．代谢增长论：技术小波和文明兴衰 [M]．北京：北京大学出版社，2019：66．

这一模式是否适合套用到世界其他地区尤其是欠发达地区？在过去的这些年，一些国际组织试图推广北欧的设计伦理模式，如欧洲全适性设计协会（Design for All Europe），其会员国包括了罗马尼亚、印度等发展中国家。基于这一设计理念的单独设计个案出现在这些国家，起到一种启蒙与引领的作用，但关于设计伦理，尚未形成社会整体的共识。碍于这些国家的整体发展程度，民众从这些设计中受益的程度有限[①]。

自20世纪90年代以来，反全球化的声浪就不断涌现。在一些国家内部，全球化加剧了贫富差距，富者愈富、贫者愈贫。

英国哲学家卡尔·波普尔（Karl Popper）是"开放社会"（Open Society）理论的提出者。波普尔认为，我们的社会是一个复杂难解、不断演化中的系统，我们在这个系统中学到的东西越多，我们的知识对这个系统运转状态的改变就越多[②]。"开放社会"的两个基本特征是：①自由讨论与理性批判；②社会制度应保护自由、保护弱势群体。

在撰写这部分内容的同时，英国社会正经历脱欧之后的阵痛：激进的经济政策方案胎死腹中，新任首相在刚刚就职45天后就黯然下台，经济下行和通货膨胀迫使政府不得不大规模削减公共预算。然而约瑟夫·容特里基金会（Joseph Rowntree Foundation）的报告指出，22%的英国人口，大约1450万人已经生活在相对贫困之中。为此，联合国极端贫困与人权问题特别报告员奥利维尔·德·舒特（Olivier de Schutter）公开喊话称，如果英国政府一再推行经济紧缩政策，可能导致更多普通民众的生活陷入困境。我们有理由怀疑，政府公共预算的削减将首先影响到对社会弱势群体的保护。

如何在经济下行的时代维持社会体系的良好运行？如何实现"开放社会"中的进取和包容？

全适性设计的思维，基于共享的理念，或可应对这些保守和收缩。

---

① 李一城. 充满理想主义色彩的设计理念：全适性设计 [J]. 湖南包装，2016（04）.
② Joseph E. Stiglitz, The End of Neoliberalism and The Rebirth of History [N]. Project Syndicate, 2019.

3.4.4 局限性

今天，我们在生活中可以见到很多无障碍设计的配套设施。例如盲道的铺设就是如此。根据《城市道路和建筑物无障碍设计规范》的规定，盲道是一个必要的无障碍设施。查询《中华人民共和国道路交通安全法》第三十四条规定："城市主要道路的人行道，应当按照规划设置盲道。"在几乎所有城市中铺设的人行道上，我们都能见到盲道。黄色的具有凹凸条纹的砖块所铺设的线条，用以帮助视障人士感知脚下地面的不同，帮助其独立行走。在现实中，我们几乎很少见到视障人士在使用盲道独立行走，其原因是多方面的。对于盲道的侵占情况可谓是极为普遍，自行车辆及杂物对盲道的阻碍，甚至消防栓及行道树也会出现在盲道的路线之上（两者本应同为市政规划的范围）。

在欧美，很少见到人行道上设置盲道，与我国有着类似的盲道设计的是日本。而这一设计在日本也遭受了"无障碍化相对过剩"的质疑。

另一个实例是导盲犬的使用。在有些城市地铁系统内，我们会看到禁止携带宠物的告示，而有些此类告示会特别标注：导盲犬除外。每次见到此类提示，在感受到善意的同时也不禁要怀疑，为何从来没有见过导盲犬在地铁内出入？中国盲人协会2019年5月的数据显示，全国各地正在使用上岗的导盲犬只有不足200只，而中国的视障人士总数超过1700万人，这一数字与导盲犬的数量形成了鲜明的对比[1]。如此稀少的导盲犬上岗数，使得很多公共场合的善意提示几乎成了摆设。当然，导盲犬的普及在中国面临着成本以及社会接受度等问题，而政府对此出台的规定条例也缺乏细则，其数量的稀缺也是综合因素所造成的。

虽然在上文中，已经就西方社会体系下的福利和保障制度进行了溯源和分析，并且肯定了其作为一种社会公共产品，对特定群体产生了积极的作用，但某些社会学家对于西方

---

[1] 澎湃新闻. 导盲犬：美好想象与残酷现实 [N]. 2022-05-08.

社会福利制度也存在相应的批判：造成人口老龄化、政府开支激增、企业与个人税赋高、民众懒惰并不得不大量引入移民来承担社会底层工作，进而产生族群冲突等问题。

在一些相类似的设计概念，例如通用设计中，设计师往往希望通过各种定量的分析，制定各种规则，通过电脑分析各种数据，用一套系统化和程序化的操作，来为这一设计概念添加一种科学的背景。这类方法代表了理性、逻辑和智慧，但过度使用也可能导致简化论，使设计变得空泛，还会不可避免地染上高技术功能主义的弊病，牺牲了人的基本需求，即追求所谓形式的清晰[①]。

举例而言，在某些通用设计的现场测试中，会使用到通用设计的数据手册，其中会明确地标出如公共空间门的宽度和高度、自动门打开的时间长度等。当设计师以此作为对照，发现测试中的实体不符这一数据定义时，则会提出改进意见。笔者本身也曾尝试此类数据手册，但发现这会导致测试的过程繁琐而僵化，并且手册上的数据似乎也并不能涵盖各个不同群体的需求。

---

① 维克多·J. 帕帕内克. 未来不似昨日 [J]. 设计问题，1988，5（01）：4—17.

第四章　全适性设计的路径及其方法研究

全适性设计有其既定的研究方法。研究的路径强调设计师与用户及利益相关者之间的协同互动。本章探讨了用户及利益相关者参与设计的全过程，他们与设计师、研究人员之间如何进行团队中的协同和沟通，如何通过合理的反馈和分析机制来推动设计的进行。作为一种工具，可以被设计师所认知和使用的概念，在具体操作层面如何实施，是这里讨论的重点。在前人研究以及实践案例的支撑下，本文修订确立出全适性设计的四项重要原则。而全适性设计的方法，主要有七个步骤，是一套完整的流程，在此作完整的解析。

4.1　全适性设计思维中设计师与用户协同

近年来，协同设计（或称参与式设计）作为创新设计的方法被介绍给设计界。其对于设计过程中，多种参与者之间的沟通协同进行研究，并且认为非设计人员的参与对于设计人员的知识和创意有着补充的作用。而全适性设计的思维，更把设计看作一个整体的系统，由更多不同的利益相关者共同参与，在团队协同的过程中，成员之间具有平等的地位，通过收集和分析反馈信息，定义出需求，进而实现创意的可能。

4.1.1　团队中的协同与沟通

在全适性设计思维中，我们所定义的团队不仅包含设计者与用户，同时还包括了利益相关者中的一部分群体。团队协同的最终目标是将设计师、研究人员、用户以及利益相关者置于一个整合的系统中，在这个系统中通过一定的沟通协同，对有效信息进行筛选分析，并得出全适性的创意输出和设计方案。

"与"而不仅仅是"为"特定的人群进行设计，是在团队协同时，设计师时刻要铭记于心的。

团队协作是一个古老的议题，在不同的领域都会有团队协作的需要，这甚至是人类社会发展的基石之一。在整个团队中，每个成员个体可以被看成系统中的要素。虽然每个个体都是独立而复杂的，但可以抽象成分工明确的部件。设计过程中整个团队的协同可以被看成多个阶段的体验过程。

团队的协同与沟通也可以从线下转移到线上，可以省去昂贵的差旅费以及管理成本。

利益相关者的多样化，意味着他们来自不同的领域，对设计项目有不同的思考和优先级，这虽然提供了不同的视角，有利于整体看待主题，但也无形中增加了团队成员间沟通的难度。

尽管如此，传统的协同设计沟通方法，仍然是全适性设计应该掌握并遵守的方法，基于设计过程中所有团队成员之间的沟通，归纳为以下种类：

1. 观察法（Observation）。这里所谈论的观察法引用自人类学研究，包括民族志和民族方法论的实地研究。在现场环境中对相关对象进行观察并加以记录，可以更丰富地理解用户体验和需求。但是，局限性在于被观察对象意识到本身被观察的状态下，可能调整原本的互动情况，这需要观察和记录者做到尽可能自然而然的状态。同时，在某些情况下，观察会被视为对隐私的一种侵犯，这一点也要加以注意。考虑到全适性强调从特殊用户入手，观察法显得尤为重要。

2. 问卷调查法（Questionnaire）。问卷调查的方法主要来源于社会科学的研究。这是通过向特定群体分发书面的问题组并回收反馈信息的过程。常见的形式包括书信邮寄以及目前采用更多的网络移动端问卷（如果电话语音采访基于一套已经设定好的问题组展开，而非访谈性质，则同样视作此列）。问卷调查法有利于获取统计意义上的数据，但也可能忽略受访者的多样化个性。

3. 访谈法（Interview）。访谈是在很多人文学科的调查中都会采用的方法，具有较高的灵活性，并且有机会获得丰富的信息，但对于信息的归纳和分析有较高的要求。访谈应当确定受访人群的特定性和价值。访谈可以是随机漫谈式的，也可以事先做详细的规划并确定重点讨论的方向。这符合全适性所强调的柔性标准。当被试者有某种沟通和认知障碍时，应当注意采用合适的访谈方式来进行。

4. 日记记录法（Diaries）。日记记录法也是一种在社会科学中被广泛使用的工具，通过长期的记录，可能会发现短期观察时被忽略的行为信息。这里所说的"日记"，并不仅仅指狭义的文本记录的日记模式，除文本外，还包括语音、图片和影像等内容。因此，录音笔、相机、摄像机、信件，以及其他很多物品都可以成为进行日记记录的"工具包"。

5. 小组讨论法（Group discussion）。由多名利益相关者共同参与的研讨会式小组座谈，其中还有细分的焦点小组法（Focus Group）等。这一方法有助于汇集不同的用户群体。讨论应当有人主持，有具体的主题，每个参与者都应有充分的发言机会，所有的信息都应被记录下来。头脑风暴的形式也可以应用在小组讨论的创意收集。

4.1.2　设计师与用户身份认同与互动

传统的设计团队，团队中的成员主要以设计师和研究人员等专业人士为主，彼此间的协同和沟通更像是一个专家团队对设计方案的共同构建。而参与性设计要求把用户加入设计的团队中，用户和设计师、研究者之间的沟通语言存在着差异，如何更好地协同是一个需要讨论的重要因素。而全适性设计思维中，用户和众多利益相关者都要加入设计流程的团队中来，与前两者协同。因背景不同，认知不同，需求和侧重点也不相同，如何在这三者间实现良好的沟通？

在谈到用户身份的自我认同时，我们不得不承认，用户有时候是会放弃完全功利化的评判标准的。当你有一块走时精准、结实耐用的石英表时，就已经以极高性价比达成了阅读时间的目的；但是，很多用户仍然会追求昂贵的、易损坏的并且维护成本高的奢侈品机械手表。这涉及用户想要成为什么样的人的问题，前者是功能主义的，而后者是产品语义学角度的。

设计师同样无法回避身份认同的问题，是简单直接地遵循功能主义的设计观点，还是在设计的流程中加入自身的个性和审美倾向，这对于设计师来说是一个经典的问题。

传统认知中的设计师，往往被认为是以完成产品为目标导向的人。而设计师与用户之间的身份认知，同样被简单界定为服务与被服务的对象。用户仅仅只是被动地接受设计师所提供的设计产品。人工制品制作通常被认为是设计项目的正常结果，这如今已不再是理所当然的事了。在这些复杂系统中，人们希望设计师采取行动而不是制作。换言之，我们必须把制作（生成）视为行动（实践）的特例，即使"不在制作"，也仍然在"行动"[①]。

Human Centered Design Process，这是以人为中心的设计方法，简称HCD，其要求用户直接参与设计和评估过程，以便更加明确地了解用户和任务要求。HCD方法包括参与性设计、人种志田野调查、背景化设计、领先用户方法、移情设计和协同设计等设计方法[②]。

近年来，一些商业品牌，开始强调消费者与开发者身份的协同互换。例如飞利浦设计中心，开始强调消费者"协同创造者"的身份。这就要求消费者不仅仅依赖市场调研的统计数据，而是邀请消费者作为特定需求用户参与到产品开发的过程中来。

用户的身份界定，可以通过用户画像、用户场景和用户旅程来进行定义（表4-1）。用户画像通过勾勒出用户的信息，进而收集用户在各个维度的信息，抽象概括出用户群体的样貌；用户场景则试图描绘用户在使用产品的典型环境；用户旅程则概括出用户使用产品的整个过程，包括从开始到结束的完整步骤。用户画像、用户场景和用户旅程共同帮助我们了解用户群体。

在团队的互动过程中，儿童用户群是一个特殊的用户群体。儿童类相关的产品，包括玩具产品、婴幼儿日用产品以及儿童医疗产品等，此外还有由父母或监护人辅助使用的产品。

表4-1　用户身份界定

用户画像	用户在各个维度的信息
用户场景	用户在使用产品的典型环境
用户旅程	用户使用产品的整个过程

---

① 布鲁斯·布朗，理查德·布坎南，卡尔·迪桑沃，等. 设计问题：服务与社会 [M]. 孙志祥，辛向阳，谢竞贤，译. 南京：江苏凤凰美术出版社，2021：129.
② 布鲁斯·布朗，理查德·布坎南，卡尔·迪桑沃，等. 设计问题：服务与社会 [M]. 孙志祥，辛向阳，谢竞贤，译. 南京：江苏凤凰美术出版社，2021：133.

这一类别的市场非常广泛并且逐年增长。在传统的商业化的调研中，儿童用户尤其是低龄幼儿却常常缺席，转而由对家长的访问代替。实际上，通过调整沟通技巧，例如采用卡通图片的形式，有趣的游戏化的问答形式等都可以帮助获得儿童的信息反馈。

用有趣的方式进行暖场可以给儿童提供具有安全感的环境，让他们感觉到舒适是很重要的前提，这同样也可以帮助研究人员了解参与者。使用图片卡可以更好地抓住儿童的注意力，对于不擅长组织语言进行表达的低龄儿童，这是一种可行的交互方式。观察法在此可以得到更重要的应用，通过观察和记录孩子的肢体语言，可以获得潜在的有效信息。与儿童互动的全程可以有父母的参与（但也应当注意父母不能过度干预孩子的表达），这可以帮助儿童建立自信并更自然地提供反馈。

良好的沟通和协同可以帮助设计师缩小与老人、儿童之间的代际差距，不同年龄层用户对设计的介入，也有助其消除对设计的误解和不安。

4.1.3　反馈的收集与分析机制

这里的反馈机制主要存在于用户与设计师之间。后文将会提到在用户测试过程中，经过一定培训的用户可以给出直观并且准确的反馈来帮助设计师改善设计流程。但是，本节所讨论的反馈不仅仅是用户或者测试人员单向的反馈，这一机制也可以反向进行[①]。

传统的设计反馈机制，往往以用户调研的形式出现：调查问卷、用户回访、意见收集和小组讨论等。传统的设计过程中，设计团队与用户的交流往往集中在设计阶段的前期研究和后期评估方面，而在中期的设计创意和方案解决阶段则缺少用户的参与。

参与式设计（Participatory design），也称为协同设计（Co-design），这是一种将用户引入设计核心流程的设计概念。有部分研究者认为，参与式设计本身就像一个赋权平台，为非

---

① 马特·马尔帕斯. 批判性设计及其语境：历史、理论和实践 [M]. 张黎，译. 南京：江苏凤凰美术出版社，2019：32.

设计从业者提供了与设计师同等地参与设计的权力。重点在于与用户一起设计而不仅仅是为他们设计。

全适性的参与式设计是一种试图囊括所有利益相关者（诸如雇员、合作伙伴、客户、公民以及用户）的尝试，在设计过程中助力于确保设计工作能够满足所有利益相关者的需要。通过与设计人员的积极合作，参与式设计提高了用户在设计过程中的能动性①。参与式设计中经常用到的方法包括：用户旅程图、用户测试、分镜头脑风暴等。

由于反馈者往往并不是专业设计人员，因此其是否应当提出设计方面的具体改进方案，这也一直是被讨论的问题。当然，这里又涉及如何定义反馈者的问题，是将反馈者定义为设计流程中的被研究对象还是在该设计领域具有专业知识的专家？

对于问题的反馈，应当以描述问题为主，而不是直接给出设计解决方案。例如，对一个杯子的测试反馈，如果反馈者给出的观点是："这个杯子应当增加一个把手，这个杯子的口应当做得更大一些，这个杯子应该设计得更窄长一些。"类似这样的反馈已经越过了被动的意见回应，进入了提供设计方案的阶段。因此要注意以下几点：

1. 测试辅助人员要注意不要有引导性，不要将自身主观看法植入到测试过程中，要注意倾听。

2. 测试辅助人员要注意交流过程的态度和用语，要对提供反馈的测试者一视同仁。

3. 在收集反馈信息的过程中，要遵循人的基本心理和认知过程。

---

① 布鲁斯·布朗，理查德·布坎南，卡尔·迪桑沃，等 . 设计问题：服务与社会 [M]. 孙志祥，辛向阳，谢竟贤，译 . 南京：江苏凤凰美术出版社，2021：133.

4.2　全适性设计的主要原则

在本节中，首先列出通用设计与包容性设计的原则，观察其确立方式。

在通用设计的概念中，梅斯教授提出了著名的通用设计七大原则，这在前文有所阐述。

通用设计的七项原则，是在实践中逐渐总结出的，由于通用设计概念的普及，这七项原则获得了广泛的认知。（以下原则引用自北卡罗来纳大学，通用设计中心）

1. 平等使用的原则（Equitable Use）；

2. 灵活使用的原则（Flexibility in Use）；

3. 简洁而直观（Simple and Intuitive）；

4. 易懂的信息（Perceptible Information）；

5. 容许失误（Tolerance for Error）；

6. 节省体力（Low Fiscal Effort）；

7. 易于利用的空间和尺度（Size and Space for Approach and Use）。

对此，有学者补充认为应当加入两条：长久使用且具经济性、对人体及环境无害。

在包容性设计中，似乎有不同版本的原则。英国建筑与建成环境委员会（The Commission for Architecture and the Built Environment，CABE）在2006年出版了弗莱彻（Howard Fletcher）主笔的《包容性设计原则》（*The Principles of Inclusive Design*），其中总结的五大原则是：将人置于设计流程的核心位置；承认多样性和差异性；当单一设计解决方案无法满足所有用户时则需提供更多选择；提供使用上的灵活性；为每个人提供方便、愉悦的建筑和环境[1]。考虑到出版此原则的机构，这些条目似乎更倾向于建筑行业。微软公司设计部门多年来积累了大量包容性设计的研究和实践案例，并将其总结成三点精炼的设计原则：识别排斥；从多样性中学习；解决其一，扩及其余[2]。

---

① 董华. 包容性设计中国档案 [M]. 上海：同济大学出版社，2019：32.
② 董华. 包容性设计中国档案 [M]. 上海：同济大学出版社，2019：35.

关于全适性设计的原则，目前并没有通行的标准。不同的研究学者对此提出过不同的观点。欧洲设计和残疾研究所，全适性设计委员会提出，全适性设计的原则是多样性、社会包容和平等，目标为提高生活质量并为每个人创造更美好的社会；瑞典中部大学的莉娜·洛伦岑教授强调了从特殊需求人群入手进行设计研发的原则；玛丽亚·本克兹恩等人在《全适性设计在斯堪的纳维亚———一个重要理念》（*Design for All in Scandinavia—A Strong Concept*）一书中，认为推动社会层面的公平是全适性设计的一个重要原则。在此，本文试图在前人研究的基础之上，将全适性设计的原则修订确立为以下四项：1. 相关者参与的原则；2. 柔性标准的原则；3. 首先从特殊需求人群入手的原则；4. 包含尽可能多的用户群体的原则。

4.2.1　相关者参与的原则

全适性设计的主要方法，首先是非常重视用户的参与，注重他们的需求和感受。用户参与设计流程的方式可以有很多种。从步骤顺序的角度，可以分为以下几个阶段：首先是用户的定义；接下来是对于需求的定义；用户测试是全适性设计方法中的重点。

全适性设计强调用户在设计过程中的参与，强调用户给出的对设计的反馈和感受。在整个设计过程中，用户（尤其是有着特殊需求的用户）会被多次邀请对开发中的产品进行测试。在测试的过程中，测试人员对被试产品或服务给出反馈，测试标准遵循柔性原则，避免过度依赖量化数据。测试反馈会由设计师整理分析，可以说全适性设计是由用户和设计师共同参与的设计过程。在某种语境中，用户的参与被认为放大了用户的权力，具有民主化的政治意义；另外，这也带来了对设计师是否转移了部分社会责任的质疑。从全适性的角度进行阐释，设计师或研究人员在整个设计过程中与其他参与者之间是协作的关系，同时对设计的全程有把控，并不应该被看作是对责任的放弃。在北欧社会，这一相关者参与的原则被认为最早根植于20世纪中期的社会治理与企业工会工作中。

在相关者参与的过程中，与相关者共同找出需求是重要的一环，这涉及不同群体的情

图 4-1　参与式设计在建筑设计中的赋权平台

资料来源：http://alexwillbecker.com/index.php/portfolio/imaginarium/

感和认知，而先导用户（lead user）能够分享前沿的以及深化的需求，专业用户甚至能提供超越设计人员的专业知识。参与的行动可以发生在设计流程的任意一个点，参与的形式也可以是多样化的。在后文中，将会介绍评测、模拟、访谈、反馈等多种模式。相关者的参与赋予了专业人士一种不同的体验，随着视角的改变，传统意义上的设计师可以用一种不同的眼光来审视设计过程，而这种视角甚至可以来自更为边缘和特别的群体，这将扩大终端产品或解决方案的受众范围，提供更普适的结果。

在现有的设计方法中，也有被称为参与式设计或协同设计的概念，这一概念更多的是从方法的层面来说明如何邀请参与者加入设计的整个流程中，与设计师及研发人员进行合作。在这里参与者往往被定义为用户。

参与式设计是一种强调用户参与的设计方法，其延伸的概念包括分布式参与设计以及在线参与设计等。

参与式设计的方法近年来被许多企业所采用，应用于新产品的开发及已有产品的改良等。例如可口可乐公司和微软公司等，都在产品开发的过程中引入了参与式设计。随着互联网信息技术的普及，利益相关者的规模变得更为庞大，同时其参与形式也更便捷化。在软件设计、城市规划和建筑设计等领域，参与式设计同样应用广泛，参与式设计在建筑领域的赋权图示如图4-1所示。

面对一个日益复杂的世界，我们越来越强调跨领域的合作，而让相关者参与整个流程中，是推动创新的重要动力。不仅仅是在设计方面，在医疗健康、教育认知、学术科研甚至是社会治理方面，都有着多方参与协作解决问题发展的趋势。利益相关者参与的原则不仅是全适性设计思维的原则，也是人类社会多方面可以应用的原则。

4.2.2　柔性标准的原则

在谈论柔性标准之前，首先要了解其反面，也就是大量应用数据及规则对设计过程进行规范。这在无障碍设计和通用设计中较为常见。

无障碍的理念在过去数十年间是非常热门的主题，因此各国都出台了大量的法律和技术规范等条款，来强制保证无障碍设施的普及。例如德国的无障碍建筑物法，就规定所有的公共餐厅都必须配备无障碍通道。甚至对于无障碍通道的宽度、坡度、扶手高度等都做了细化的规定。

类似的设计概念，例如通用设计，对于量化的标准同样非常看重。从人机工程学开始，关于人体的基本特征数据就被大量研究和积累。通用设计延续了这些数据样本的应用。这些数据包括对于一般人士的身心功能基本数据、残障人士的数据、特殊情况（如左撇子等）的数据等，这些推荐数据的样本，被整理成资料手册，供设计师在具体实践时参考。同时，在设计过程中采用仪器进行测量也是收集和验证这些数据的重要方式。

在数据的使用方面，通常将平均值对应必要标准的偏差值和百分率等统计值加以利用。例如，以尽可能多的人使用书架高度的上限为例，这里把目标人群假设为60岁左右的女性，以约95%的人不用指尖就能取到东西的高度为依据。以将手腕上举，从地面到抓住东西位置的高度（高举上肢手指节点高度几乎一致）作为统计值，可以得到以下参数数据：60岁女性；高举上肢手指节点高；平均值：177.6厘米；标准偏差：7.3厘米。所谓"标准偏差"就是指"个人差程度"的指标。如果高举上肢手指节点高的数据假设为正规分布的话，就可以根据以下的算式推测出对象用户95%能够到书架的高度H。

H=平均值−1.65×标准偏差

H=177.6−1.65×7.3=165.6厘米

也就是如果设定165厘米的程度，大约95%的60岁女性不需过度伸展就可达到书架的高度[①]。

类似的数据使用，确实能使设计的过程变得规范化，但与此同时，此类数据的应用却又带来疑惑。不同地区、不同时代的人体数据标准，存在较大的差异，北美地区、欧洲地区的数据，是否能较好地在东亚地区使用？例如在北美地区使用的"通用设计综合参照表"，是否也同样适用于中国？

根据国家卫健委发布的《中国居民营养与慢性病状况报告（2020）》显示，我国18～44岁的男性和女性平均身高分别比5年前增加了1.2厘米和0.8厘米；6～17岁的男孩和女孩平均身高分别增加了1.6厘米和1厘米。在短短5年间，平均身高的数据就有了如此变化。而根据《柳叶刀》一项跨度长达35年的调查，中国男性在1985～2019年这35年间，平均身高增长接近9厘米。这不得不让人考虑，在不同时空条件下，数据化参数表格是否具有一致性，是否能被普遍的应用。

当然，数据标准化有其优势，从政府的角度来看，存在规范就有了标准，后续的执行和监管就容易了很多。如果没有参数化数据的辅助，对于强制规范和执行都会带来很大的难度。

德国巴伐利亚州建筑协会无障碍建筑物咨询中心的建筑师克里斯汀·迪根哈特（Christine Degenhart）在访谈中也谈到有关建筑物无障碍方面的规定标准，德国的标准仅仅适用于德国，无法简单转移。这既是法律层面的，也与不同地区的文化差异以及生活习惯不同有关[②]。

---

① 黄群.无障碍·通用设计 [M].北京：机械工业出版社，2009：41—42.

② 奥立佛·赫维格.通用设计：无障碍生活的解决方案 [M].台北：龙溪国际图书有限公司出版，2010：147.

建筑设计师杰弗里·曼斯菲尔德（Jeffrey Mansfield）从出生起就失聪，对于《美国残疾人法案》（ADA），他即表示感谢，但也期望能够对其中的规定有所超越。他表示有时候能够看到一些空间或者建筑的设计，为了符合ADA的规定而在功能或美学上做出了一定的妥协。在他的作品中，探索了建筑、景观和使用者权利之间的关系。小时候在聋人学校上学的经历为他对此类空间场所的研究提供了信息。杰弗里强调设计需要谦逊，并补充说设计师需要意识到他们并不了解一切，必须邀请他人和社区分享知识及需求，以创造最好的设计和适合更多人的结果①。

采用柔性标准，不严格局限于数据参数，是全适性设计的一个重要原则。所谓柔性，直接来源于用户的体验感知。全适性设计要求设计师与利益相关者进行协同设计，在一个系统性的设计过程中提出解决方案，利用部分用户群体的特殊需求放大问题，进而超越为残障及老年人群进行设计的思维定式，完成普适性的结果。在这一过程中，不同用户群体深度参与设计的全程，有充分的空间分享自身的感受，应对性的设计解决方案不是唯一和标准化的。

柔性标准的另一个要点是尊重多样性。不再将身体机能的受限简单看作缺陷的一种，而是将其置于多样性的范畴来考虑，与文化多样性一样，承认其是不同的人群面对不同环境的适应方法和能力。差异本身是存在的，并不能用同一套体系或标准来进行规范，而是用灵活的方式来进行应对。同时，这也是扭转社会认知的一种方式，通过柔性标准的推行，希望能够在研究者以及社会大众中产生"共情"（Empathy），并推动社会整体对全适性的理解和支持。从瑞典的经验来看，社会共识所发挥的柔性标准作用，是对强制法规的一个很好的补充。

---

① Xian Horn, Design for All: Transforming the Way We Think About Inclusion, Identity, and Accessible Spaces[EB/OL]. https://link.springer.com/book/10.1007/978-3-319-02423-3.

4.2.3 首先从特殊人群需求入手原则

在很多设计方法中，都提到考虑某些特殊的用户群体，分析他们的需求，邀请他们参与设计的过程等。这些特殊的群体，有时候被称为"先导用户"（Lead User）、"超级用户"（Power User）、"极端用户"（Extreme User）、"极客用户"（Geek User）、"专家用户"（Expert User）等。虽然称谓不一，所指代的类型也不尽相同，但有一个共同点：这些都是区别于所谓主流用户的群体。在全适性设计的概念中，将其统一称为"具有特殊需求的人群"，这一概括将以上具有不同情况的人群囊括其中。所以，重点不在于他们有着怎样的特殊性，而是在于他们具有特殊性本身，这足以成为考察的重点。

正如用户金字塔所显示的那样，位于金字塔顶端的群体，虽然在全体用户中所占比例最小，但是其需求的特殊性是最高的，满足金字塔顶层用户的需求，那么更广大的底层终端用户也将从中获益。我们很容易地就可以在生活中发现不良的设计：充满了细小按键的遥控器、热塑封装的产品包装、屏幕上难以理解如何操作的互动系统等。而主流大众群体在生活中已经不知不觉地接受了这些设计，对此习以为常。只有具备特殊需求的人群，才会最大限度地放大这些设计的问题。

传统设计的过程往往是一个再设计的过程，出发点是一个现有的设计方案，将主流人群作为设计的目标。如果要在设计中考虑老人、残障人士等用户，对此进行增项设计，在原有产品的基础之上诞生一个额外的针对性方案，仅供需要的人使用，与主流用户使用的产品隔离开来。这种区隔性也同样出现在为专业人士和"发烧友"等用户进行的设计中。

特殊人群是小众的，孤立地看他们不能产生更大范围的影响，甚至被忽略，因此而和社会生活相互隔离，人们将所有的技术和经验都倾注于主流人群的设计上，进入信息化时代，社会背景发生了重大变化，医疗技术和生活的富足，这一小众的人群不再是边缘化的，为这一人群的设计也不再是小事物，而是可以在主流设计中产生重要影响力的大事物，小不再是小，它所带来的观点、理念、信息可促使主流设计发生巨大改变。

首先从特殊人群需求入手，作为一个设计原则：1. 能够让设计活动通过关怀性参与产生社会效应，能够让公众设计向特殊人群开放共享；2. 通过把特殊人群的项目整合为更宽范围的服务计划，以此实现为所有人的设计目标，创造更和谐的可持续发展的社会。

正如在工业设计的纪录片"设计面面观"（Objectified）中，Smart Design的创始人兼首席执行官达文·斯托厄尔（Davin Stowell）所表示的："设计和顾问工作的本质是对人的关注，设计关心的不是标准的人，而是极限的人，一旦确定了极限，其中间部分就好解决了。" 通过关注极限的群体，全适性设计所期待的理想状态是为所有人设计，人人可以共享并平等参与的社会生活。从特殊需求的人群开始作为切入点，是全适性设计的创新过程。

4.2.4 包含尽可能多的用户群体原则

这似乎是一个老生常谈的问题，通用设计、包容性设计也都强调要通过设计将尽可能多的人包含进来。但是，如何实现这一点，全适性设计思维与上述两个设计概念各有不同。通用设计的原则强调的是通过降低对用户能力的要求，从而提升设计的可及性。因此，通用设计强调从尽可能低能力的用户入手，以他们为标准，从而使得设计能够涵盖更多的群体。而包容性设计虽然也注重个体的福祉，但不再刻意追求在一项设计中满足所有群体的需求[1]。全适性设计则是将包含尽可能多的用户人群作为一个理想的目标，这一设计原则的目的就是尽可能地逼近这一目标。随着科技的进步以及设计理念的发展，我们将设计的可及性越来越多地向前推进。南非残疾短跑运动员奥斯卡·皮斯托瑞斯（Oscar Pistorius），在失去双腿的情况下，借助由碳素纤维和部分钛合金制造的义肢参加短跑赛事并获得了接近参加常规奥运赛事标准的成绩。这在数十年前，没有技术支撑的情况下是无法完成的。技术提升了运动竞技的可能，使残障人士得以在赛场上获得成功。技术也带来

---

① 董华. 包容性设计中国档案 [M]. 上海：同济大学出版社，2019：32.

用户群体数量的增加，如网络技术所产生的网络效应，能够扩大用户群体，并使得协作和沟通的难度降低、效率不断提高。

经济因素同样是一个不可忽视的重点。通用设计原则的撰写者也提出，这些原则更着重于普适的设计，对于市场和经济等层面的考虑不多。这会打击企业的参与度和热忱。但是，包含尽可能多的用户群体，本质上扩大了设计面向的消费者群体，从商业和市场的角度，可以扩大企业的盈利面。

除了技术因素和经济因素，在社会因素层面也是可以实现尽可能多的用户。社会也是一个场所，场所的存在，一定有一群人以此为活动地，这群人即是附近居住的居民，他们是一个稳定的群体，他们有着共同的日常生活，相同的需求和问题。于是，一个与场所相关的社区社会就形成了，可以说以这一社区人群为目标，提升他们的生活品质成了重要的设计内容。因此，社会场所也是我们应对用户的主要策略。

总之，以上四原则是建立在以人的价值为原则基础之上的，是以人为根据和前提的，从特殊人群到尽可能多的群体，在具体的设计实践中，因人的个性、需求、利益、目的和愿望的不同，而有柔性地调整标准，作为主体人需要以什么样的方式存在于社会，就有什么样的调整原则，这是一个动态的原则，目的仍是按人的生存和发展的内在尺度来决定。

如果对比通用设计的原则与全适性设计的原则，通用设计的原则更强调价值取向和具体方法，而全适性设计的原则更具灵活性及操作性。通用设计的原则更多地考虑普遍适用，对人的多样性缺乏关注，也未将这一设计理念上升到思维层面来。在七大原则中也缺少对经济因素的重视（这一点在补充原则中有所涉及）。

4.3　全适性设计的方法

　　全适性设计是否有具体的方法？这个问题被一再提及。相较于通用设计的参考表格，其中罗列了大量数据以及设计指南。全适性设计的方法更像是一套设计流程。这同时也可以被看作是一整套系统设计的方法。在整个流程中，从利益相关者开始，通过定义特殊用户和定义需求，取得前期研究的内容，之后的创意与原型、用户测试、反馈的整理分析则是协同设计的重点，最后得出的方案为成果产出。

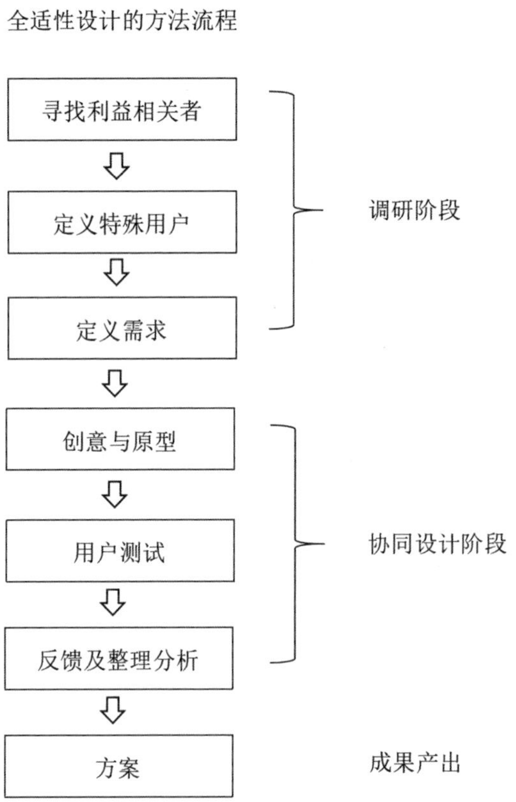

全适性设计的方法流程

图 4-2　全适性设计方法流程图
资料来源：作者自制

4.3.1　作为研究起点的利益相关者

利益相关者（Stakeholder）一词最早在20世纪60年代由斯坦福研究院提出，在随后的数十年中其理论逐步完善，并在设计和商业领域得到广泛应用。利益相关者这一概念，一般而言指与一个设计项目具有交集的所有群体。这一名词可能更多地出现在用户体验设计或是服务设计的流程中。而在全适性设计方法中，研究的起点就在利益相关者。

在涉及产品的所谓"生产—消费"大循环中，设计师、工程师、投资方、企业老板、产业工人、供应商、分销商、仓储、物流、营销、零售、消费者、用户、回收人员、研究人员，以及相关机构等都成为这一产品的"利益相关者"，甚至在生态学的意义下，整个地球也是相关者。

利益相关者与设计的交集是多样化的，各个相关者都有自身不同的诉求，有些与设计的体验有较深的关联，有些仅仅是经济方面的要求，有些则是被动地受到这一设计项目的影响。

设计专业的学生在学校学到的，以及老师们经常重复误传误导的一个概念就是工业设计师为大众消费创造工业产品。这种概念的错误在于其缺乏对其他"利益相关者"不同角色的认知，在产出过程中过分地强调了有形的产品[①]。如果将设计本身扩展到对整个系统的构建，我们便将功能、体验、情感、经济等因素统一起来。

对于利益相关者的分析，我们首先是要将其列出，进而梳理分类并最终找出核心相关者。如何列举出这些利益相关者？我们可以通过集思广益的方法，将设计的标的物置于中心，发散性地思考与其相关的成员，可以是具体的人，也可以是某组织。在开始阶段可以不加甄别地将所有想到的具体相关者列出，这样将会得到一个较为庞大的样本库。

如何将庞杂的利益相关者进行梳理分类？根据不同的设计项目类型，可以选择不同的

---

① 维克多·马格林.设计的观念[M].张黎，译.南京：江苏凤凰美术出版社，2018：259.

分类方法。其一是内外分类法。设计的提供方,如设计师、厂家、投资方等作为内部相关者;而设计的输出方,消费者、用户、政府、生态环境等作为外部相关者。其二分类方法是根据影响力和关注度来进行区分。关注度往往指对于设计的利用,而影响力则是一种权力,对设计项目有着相应的影响。

核心利益相关者,可以采用利益相关者地图(Stakeholder Map)的形式来进行定义。

同心圆分层法。对利益相关者按照相关性和影响力在同心圆分层的图表上进行分布,同时也可以通过颜色来区别他们的种类。影响力与关注度矩阵,X轴代表影响力,Y轴代表关注度,将利益相关者分成四个象限,而最重要的就是高影响力高关注度这一象限。作为核心相关者,有必要格外关注并分析其需求。

最后,对于利益相关者的梳理分析也有助于我们随后对用户、特殊用户以及他们的相关需求的定义。维甘提在描述设计驱动式创新理论时,同样提出了"诠释者"的概念。他认为企业需要借助文化层面、技术层面等各类"诠释者",在一个统一的系统中,通过沟通和研究,共同设计并赋予产品内在的意义。某种意义上说,所有的"诠释者"也就是利益相关者。

4.3.2 定义核心特殊用户

这里所谓的特殊需求用户包括两类:一类是有着身体或心理上受限制的群体(或者狭义上所称为的残障人士);另一类则是在某个领域有着特殊技能和需求的人士,我们称之为专业用户(Professional User)、先导用户(Lead User)或者极端用户(Extreme User)。

先导用户的概念经常出现在互联网产品经理的术语中,但这一概念也会延伸到各种产品开发的设计阶段。

例如美国3M公司就会采用先导用户法来定义一部分其产品的用户,并通过讨论会的形式获得反馈,改进产品的设计和生产。参与讨论会的包括先导用户和公司内部的技术、设计、营销人员等，通过这种形式收集前沿创新的反馈资料。

如何定义和选择这些有着特殊需求的用户，对于全适性设计而言有着极其重要的意义。对于用户所存在障碍的分析中，还可以分为永久障碍（Permanen）、暂时障碍（Temporary）、情景障碍（Situational），这是定义障碍的三个不同维度。永久障碍指的是因为各种原因造成的永久性生理机能退化，类似瘫痪、失明等情况都属此类；暂时障碍则是指可恢复的受伤或受限制状态，例如腿部骨折、女性怀孕等；情景障碍则是由于外部环境或者必须执行某种任务而带来的障碍，嘈杂环境中对听力的影响，或者拖拽行李箱而无法跨越围栏都属于此类。当然，除了障碍的定义外，还可以考虑专业知识背景以及对相关领域的深入程度。据此，在人机工程学用户金字塔模型的基础之上，全适性设计将用户金字塔模型分为三个不同的层面（图4-3）。

下图为三种不同用户的金字塔模型，越靠近顶端的用户，越会产生特殊的需求以供设计的研究。

图4-3　三种用户金字塔模型
资料来源：作者参考人机工程用户金字塔模型自制

我们可以用图示的方式来说明全适性设计的方法。如图4-4左图中显示的是传统的设计过程。灰色部分象征着所有的人群，在右侧有着最大的一个群体，也是没有特殊需求的人群，而在左侧是有特殊需求的人群，包括对产品或环境有着特别要求的专业用户以及因为暂时性或长久性的残障而导致身体机能受限的人士。在传统的设计过程中，设计师们往

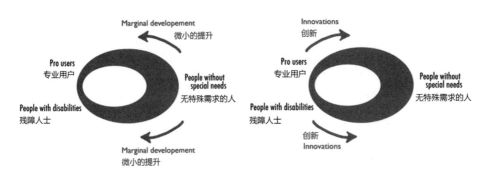

图 4-4　全适性设计方法图示
资料来源：Lena Lorentzen 制图

往从一件现有的产品出发，通过对主流人群也是无特殊需求用户的研究，对其进行改进，对这一产品进行再设计。这一过程忽略了有着特殊需求的边缘人群，或者说当这一设计首先满足了主流用户群体之后，才试图将特殊需求用户包容进来。同时，这种方式也在一定程度上限制了创意的发挥。遵循这一原则进行的设计充斥着我们的生活，令很多残障人士、老人、孕妇等所谓非主流人群无所适从。

　　而全适性设计的过程，往往能够诞生较好的设计创意。如图4-4右图中所示，其关键点是从研究不同人群的需求出发，而非研究现有的设计方案。在针对需求开发产品时，设计的过程中引入用户的参与，这些用户则是被定义的与这一设计相关而又同时有着最大需求的用户群体。通过用户参与以及反复测试设计原型的方式，我们不仅能够使更多的边缘人群也能顺利地使用日常的产品、服务及环境中的设施，同时由于加深了用户与产品之间的联系，对于更广泛的没有特殊需求的群体，这样的设计也能更好地将他们包容在内。

4.3.3　定义特殊需求

　　维克多·J. 帕帕内克在其名著《为真实的世界设计》一书中，谈到他写作此书的主旨，是想要为人的"需求"（needs）而不是"欲望"（wants）来设计。举例而言，为年轻的时尚人士设计的服装很多，但与此同时，有一种需求却很少被关注：为残疾的儿童或成人设计衣服，使他们自己穿衣和脱衣成为可能——会令他们产生很强的自豪和自信①。在这里，帕帕内克认为后者才是一种真实的需求，而这也是设计师的责任所在。而现代社会中的工业制成品中，有大量是以功利主义进行大批量标准化生产的，和用户的需求并没有太大的关系。

示能性是詹姆斯·吉布森（James J. Gibson）所创的概念，他认为所有可能的行为（形式）都反映出了用户期望产品去实现或完成的事情（意义）。

设计师脑海中所构思的示能性设计并非开始于某些具体的功能，而是产品可感知的维度、特征和特点，用来满足各种已知的认知模式，包括促进其实际构成的语义学方面的隐喻和转喻。某物具备的不言自明的、高效的、即时的语义暗示对于用户而言是非常正确的产品示能性表达②。

有很多大型企业和行业协会进行所谓大众"需求"的研究，其研究成果的产出往往是各种市场流行趋势报告，为商业市场营销服务背书，但这不是真实的用户需求。

人本主义心理学的代表人物马斯洛（Abraham H. Maslow）最为世人所熟知的便是提出了人类需求的层次论。在这一金字塔结构的需求分层中，马斯洛将人类的需求从生理层次到精神价值层次分为了五层，并认为只有首先满足较低一层的需求，才能进而追求更高一层的需求。虽然马斯洛这样的划分带有明显的精英主义色彩，但是对比弗洛伊德的精神分析学，这一需求层次论有着更多的人本主义思想，而前者更多的是从动物本能来进行解释。马斯洛的理论将人类身体本能方面的需求与精神情感方面的体验结合起来，而这两者本身就是不可分割的整体。马斯洛认为，人类的最高级需求与"自我超越"（self-transcendence）有关，在进行高级的创造过程中，人可以达到无我的境界（loss of self）。而这种需求的层级同时也是一种价值的层级。

① 维克多·J. 帕帕内克. 为真实的世界设计 [M]. 周博，译. 北京：北京日报出版社，2020：317.
② 维克多·马格林. 设计的观念 [M]. 张黎，译. 南京：江苏凤凰美术出版社，2018：249.

除了个人的需求外，具有社会共性的需求也是巨大的：健康、更好的住房、营养的改善、应对老龄化、保障财务安全、减少对环境的破坏。可以说它们是全球经济中最大的未被满足的需求。数十年以来，我们在商业中学习如何解析和制造需求，但同时却忽略了最重要的需求。太多的公司忽视了最基本的问题：我们的产品对我们的客户有好处吗？对于我们客户的客户又如何呢？[①]

获取需求的方式有很多种，其中用户的需求是最重要的，这需要通过调研来获取。传统的调研可以采用问卷调查或者田野考察的方法。

深度访问是一个可以获知需求的好方法。暂且抛开问卷和田野考察，尝试与用户进行深度的交流访谈，或许能将不同人群隐藏在深处的需求寻找出来。

4.3.4　创意与原型阶段

创意灵感的来源有很多方面，许多设计从业者在最初会选择头脑风暴的方法来获取初步构想。在这里由于我们已经做了相当多的前期铺垫，包括用户需求及测试反馈等，可以不再采用粗放式的头脑风暴模式，更有目的性地来展开创意与原型的构建。

在全适性设计中的创意和设计阶段，是在用户测试所获得的反馈信息的基础之上来进行的。对用户测试所搜集的反馈进行整理分析，更精确地找出用户需求，定位原有设计中所存在的问题，然后通过发散性的思维来进行创意与设计。

创意的过程也是艰难的过程。市面上有着大量的书籍，试图教给设计师寻找创意灵感的方法。但是，创意本身并不会无中生有。所谓的灵光一现，往往有赖于设计师长期以来的专业积累和文化素养。

而将创意的产出过程置于一个有序的方法推导之中，是全适性设计流程的做法。与突然出现的灵感相比，这种创意产生的方式更为有序和客观。

---

① Michael E. Porter, Mark R. Kramer, Creating Shared Value[J]. Harvard Business Review, 2011: 01.

一种在团队中获取创意的方法称为循环式小组头脑风暴。在这种工作坊的模式中，我们假定设计团队已经完成了前期对于利益相关者的界定，也定义了特殊用户和他们的需求。在此基础之上，针对需要进行设计的主题开始进行多个回合循环的创意构思。第一轮，每位设计小组成员独立进行设计构想，可以将创意的内容以图和文字的形式记录在纸上。在规定的时间截止之时（例如15分钟），每位成员将自己手中完成的概念做简单说明，并将这一记录纸传给下一位成员。随后开始第二轮构思，这时每人手中都握有另一位成员的创意内容。在此基础之上，添加新的观点或是对已有创意进行延伸。同样在规定时间截止时进入下一轮，将概念传递下去。在经过多轮的构想以及概念叠加之后，最初的稿纸可能又回到首个成员的手中，此时就可以对累积的概念进行评估讨论，在此基础上进行概念的深化，并尝试将其构筑为可以进行原型模型制作并可以进行验证的实体（图4-5）。

原型（prototype）包括非实体原型和实体原型。前者可以是草图、三维建模和渲染、

图4-5　循环式小组头脑风暴获取的概念收集
资料来源：作者拍摄

视频或者故事的描述等；后者则一定是可以触摸的实物模型，不论大小比例如何、与概念相比的完成度如何，都必须是实体的形式，并且从某个角度可以进行评估。这里所说的原型更多的是指后者。

实体设计原型的制作，是为了进行评估和用户测试的准备，鉴于此，如果能制作等比例以及具备功能属性的设计原型模型，将最有利于测试的进行。但是，在构想的初期，也可以制作简单验证模型，其原理是用最低的代价，制作最小可验证模型。这类模型往往只是纸板或油泥块制作的小物件，用来考察体积和基本形态。原型本身也可以进行迭代，在精细程度、交互性和真实比例方面不断提升。对于有些小型化的产品，制作等比例模型当然并不费事，但某些大型设施设备或是环境的设计，等比例模型就较难达成。其中，仍不乏尝试的案例。例如丹麦哥本哈根地铁在设计过程中就由设计公司制作了等比例的地铁车厢模型，并邀请不同用户群体进行体验评估。

如图4-6所展示为本人指导学生进行一项拐杖设计中的前期设计原型模型制作。从图中可以看到，这一原型模型制作十分简单，仅仅由硬纸板及木杆完成。但是，这一模型将产品的基本造型、体积、高度具象化出来，具备基本功能，并且可以被设计人员进行简单测试，评估手臂部分所在位置、发力点等（图4-7）。像此种简单原型模型，成本低廉，材料简单且制作快捷，也可以通过多件制作来进行比对评估。

4.3.5　用户测试的验证

用户测试是一个很宽泛的概念，在传统的设计过程中本就存在各种用户测试的形式和方法。例如传统的观察和询问法、问卷调查法，以及应用最新技术的如眼动实验测试法等。

用户测试是全适性设计方法中的重点。由于全适性设计更多地考虑了人的多样性，因而要求设计师能够尽可能多地去了解用户。这里分析几种全适性设计常用的用户测试方法，仅作一般性描述，在后文会有详细的案例阐述。

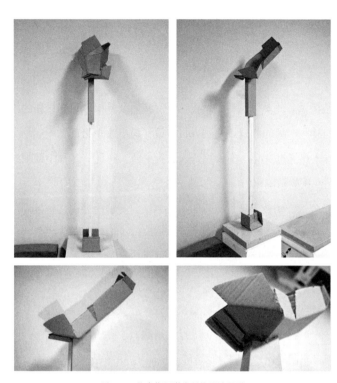

图 4-6　作者指导学生制作设计原型
资料来源：作者指导课程

图 4-7　作者指导学生试用原型模型
资料来源：作者指导课程

1. 协同实境测试。此类测试更多地应用于对环境及其中的设施设备的测试，也应用于强调使用环境的某些产品的测试。测试人员与设计师组成小组，进入实地环境进行测试，给出反馈，设计人员通过文字、影像等方式进行记录。在这一过程中使用的是相对柔性的标准，并不强调数据的精确化。

2. 线上用户测试。相较于现场进行的用户测试，将整个测试过程搬到网络上远程实施有很多的好处。对于某些小型产品的测试，甚至可以采用网络测试的方式。当然，这种测试方法由于缺乏研究人员现场的控制，因而要求有较完善的系统并对测试人员进行一定的培训。

3. 用户参与性实验。这是最基本的测试形式，测试人员和作为监督者的研究人员或设计师共同就某一个产品（或设计原型）进行试用测试。参与测试的人员应当经过筛选，选取最适合这一项目测试的用户，同时尽可能多地涵盖这一产品的不同用户群。

4. 模拟性实验测试。通过一些设施设备，尤其是穿戴设备来建立起一个模拟身体机能受限的状况。实验人员可以借此模仿残障、老化、疾病、受伤等多种情况。例如老化模拟装，实验者可以在穿戴该设备的前提下进行日常活动，试用产品，可以从另一个视角获得全新的体验。一些简单的模拟方法也可以利用在学校教学，帮助学生提高对特殊需求人士的同理心。

测试本身的目的在于提取用户的体验、需求和反馈。不同的测试和实验有不同的侧重点，应当根据具体要测试的产品进行安排。

4.3.6 反馈的整理分析

反馈可以是对某部分的评价、评分系统或访谈论述的形式。通常对反馈的收集，包括用户访谈、调查问卷等多种。

除了对现有产品进行测试以找出需求和问题以外，在全适性设计概念指导下，此类测试也涵盖设计的整个过程。用户的参与始终是全适性设计所强调的要点，尤其是有着特

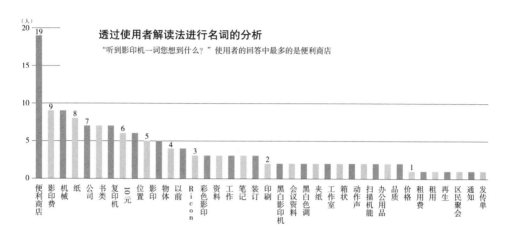

图 4-8　通过使用者解读法对影印机一词进行联想分析
资料来源：中川聪，《通用设计的教科书》

殊需求的用户可以帮助设计师从另一个不同的角度来看待所进行的设计项目。在设计方案产生了原型模型或验证模型之后，测试用户将被请回，对这一原型设计进行测试，继续为设计师提供反馈。这一过程可能会反复多次，直到设计师在测试人员的帮助下逐渐完善设计，最终获得成品。

　　使用者解读法是一种对隐藏在语言中的信息进行定量分析的方法。将使用者写在自由回答问题里的答案，通过定量的整理及分析后，可以更客观且有效地看出使用者是在何种心理驱使之下采取行动。可以挖掘出即使连使用者本身都察觉不到的部分，这就是使用者解读法的目的[①]。

　　通过统计对多个使用者的访谈，如在听到复印机一词后您想到了什么？使用者回答最多的是便利商店（图4-8）。

　　对于反馈的收集和分析，有时候可以利用辅助技术的帮助。在后文中所提到的线上测

① 中川聪 . 通用设计的教科书 [M]. 张旭晴，译 . 台北：龙溪国际图书有限公司出版，2013：152.

试系统中，测试人员通过在线上回答问题和选择选项的方法来进行测试的反馈。而线上测试系统会收集相应的反馈并生成一份评估报告。

评估报告是否准确，取决于反馈信息是否全面、是否真实，关于访谈与问卷，在进行数据处理前，需要对反馈资料进行检查，审核其有效性和完整性，对于缺失少填的，可以再次让被访者重填，以求补进。有些是为特殊人群准备的问卷可能夹杂了正常人群的答卷，就会出现差错，造成反馈信息不准确，评估报告也会受到影响。

有时候，反馈并不一定发生在用户测试之后，即使在完成了设计的全部流程，产品本身已经落地生产之后，依然可以进行反馈。对于已经实现的产品，在长期的使用过程中，可能会发现新的问题和不足。将这些内容记录下来，建立档案，以便后续迭代产品的改进。

4.3.7 创意性方案的实现

在通过设计所获得的解决方案上，创意性被经常提及。但是，创意常常被认为是一个有趣的想法，让人眼前一亮；或是追求新意的，以往所不曾见的手法。这些固然是创意的一种，但如此定义创意未免狭隘。创意本身所指向的，仍然是以人为核心的外化。创意产生自创造性的思维，当统合了技术、手法和目的以完成最终的方案，整个过程就是创意的过程。全适性所要求的创意，并不只是一个小的花招或新奇的效果，而是以人为核心，包含更多的群体、全面提升用户体验、帮助用户参与社会生活的成果。

在人的需求以外，最终的方案完成之前，我们还要考虑产品的全生命周期，也就是当产品的寿命走到终点之时，如何对其进行拆解和循环再利用。有一种专门处理这一方面问题的设计理念称为"拆解设计"（Design for Disassembly）。在这里指出这一点，是想要说明设计的具体方案落地并不是全适性设计流程的终点，我们要将整个环境也作为利益相关者进行考虑。有时候，测试用户会在产品生产之后再次被请回来对产品进行评测，他们的反馈在这个时候仍然是有意义的。从设计的角度来说，是对产品的继续改良；从商业的角度来说，是对产品的迭代更新；从技术的角度来说，是对新科技的实践和推动；从社会的角度来说，是设计方案随着客观环境的变化而进化。创意性方案的实现并不是终点，而是不断完善全适性的节点，其最终的理想是一个人人得以共享并且可以平等参与的社会。

　　设计、商业、技术、社会等是让创意性方案可能实现的环境支持，设计是将创意方案实施的重要环节，一个好的创意在多方合作下产生，必须要在设计中体现，它是否改善了以前的产品，能否达到适用、易用的目标，是否符合各种用户的使用情况，这是协作设计在专业上的表达，也是直接与享用者接触的形式。商业上的支持当然有经济模式，在不增加成本或略有增加的情况下，通过数字平台降低订购系统、物流、付费方式的经济费用，还可与赠予、互助、自助的经济模式结合，这是创意性设计最终实现的重要方式。创意方案还需技术的支撑，高新科技让一个好的创意实现，将推动设计转型、技术在多方的协作下在功能上、共享上带来切实的益处。社会环境的支持强化了创意方案的推进，社区公共空间的项目是生活实验的场所，居民与周边生活设施之间有着复杂又具价值的关联意义，重建与服务将带来专业设计在公共领域的共享设计示范，也促进家居生活设计的改进，由此在普通民众之间推广创意性的全适性设计，影响社区的文化气氛和社区环境的良性循环，向创新型社会转型。

第五章　全适性设计创新思维的价值与验证

当我们谈论设计思维的价值时，可以从不同的维度来讨论，不仅仅是设计的维度，同时也有伦理维度和情感维度。其中，全适性思维中的共享价值，与当下中国社会所提倡的共享理念以及共同富裕的发展要求相呼应。对于全适性创新思维的验证，主要集中在几个方面，对于社会群体的普适性，对于老龄化、少子化和多元社会的应对，在这些热点问题的方向上起到的作用可以成为探讨这一创新思维价值的依据。同时，一些全适性的可及性设计案例也在此被介绍，作为验证的资料加以论述。

5.1　全适性创新思维的价值

5.1.1　早期理论依据所赋予的思考

第二次世界大战结束后，大量伤残军人回归社会，无障碍设计得到了长足的发展。虽然这一设计名称的正式确定可能要等到20世纪70年代，但是相关的设计理念早已存在。瑞典及丹麦等国在20世纪30年代就已经有一些针对残障人士的特别设计，尤其是在建筑及公共空间领域。对特殊需求人群的设计包容一直存在于北欧设计的概念之中①。

无障碍设计（barrier free design），这一名词首先于1974年召开的联合国残疾人生活环境专家会议上提出。这一设计理念的终极目标是所谓"无障碍"，但在具体操作的过程中，首先承认了"有障碍"的存在，同时界定一部分人群为"有障碍"的群体。具有不同程度生理残障的人士，以及身体机能开始衰退的老年人等群体被从普通用户群体中单独划分出来，作为需要进行特殊关照的特例。这一设计理念致力于通过设计活动，消除对于这些特定群体而言的"障碍"，使他们能够公平地利用日常生活中的各种产品和设施设备。

1990年7月26日颁布了《美国残疾人法案》（*The Americans with Disabilities Act*，简称

---

① 李一城. 北欧社会的设计伦理与关怀发展 [J]. 美术与设计，2020（06）.

ADA），之后对此法案又增加了教育、建筑和运输等多方面的修订，对残疾人的基本权利进行了定义和提供了法律支持。另外，作为一项法律约束，该法案规定了许多公共场所必须强制性地设立无障碍设施设备，部分设计师认为ADA限制了他们的设计自由，增加了麻烦，商会及运输业、酒店业、演艺行业工会等对此也颇有微词。

例如，其后续的法案中，有补充规定"新的公共交通工具上都应配备提供轮椅上下的升降设施"，但对此所带来的成本上升应由谁来承担却产生了争议。作为一种额外附加并且专供部分人群使用的设施，交通部门认为不应由全体纳税人来承担其成本。

我国在改革开放之后引入"工效学""人因工程学"或称"人机工程学"，取得了较好的成效，并于1990年12月28日颁布了《中华人民共和国残疾人保障法》[1]。其基本原则是：平等、反歧视和特别扶助。这一残疾人保障法在立法上有三大重要的宗旨：1. 尊重和维护残疾人的合法权益，对于残疾人特别的困难和特殊性因素而制定特别的法律，通过此法律残疾人享有的合法权益能够得到立法保护，这是制定本法的重要目的；2. 发展残疾人服务事业，为解决残疾人特殊困难问题，改善残疾人生活状况，真正让残疾人得到"平等、参与、共享"的待遇；3. 促使残疾人充分参与日常社会生活，共享社会科技所带来的各种成果，平等地与正常人获得相同的待遇，这是我国设计向人文关怀发展的重要基础和依据，也是本文主题研究的内因动力。

通过设计活动帮助身体机能受限制的人士，这一思想在现代设计诞生之初便已有了萌芽。20世纪初北欧地区开始实践全民社会的理念，直到今天，该地区仍然在全球范围内被认为是实行社会福利以及保护弱势群体的典范。早期的设计伦理概念，更多地考虑生理上的障碍，但到了今天，设计伦理所应对的范围，有了很大的扩展。我们将各个边缘化的群体纳入其中，同时考虑文化、生态，以及各种人为构建的社会体系，这在很大层面上需要一个更为全面、系统化并且考虑普适的设计思维来加以实现。

---

① 中华人民共和国残疾人保障法（2018 年最新修订）[M]. 北京：中国法制出版社，2018.

5.1.2　全适性设计中的共享价值和伦理学

伦理学作为哲学的一个分支抽象而又具体，当伦理学与设计关联时，设计伦理就呈现出设计的价值特征，而设计伦理与设计共享又是紧密地结合在一起的，设计伦理和设计共享让设计焕发出人性的光辉。设计是一门以实践为主的学科，设计伦理通过设计实践提升了设计的价值，人类的生活才是一种价值生活，是值得去过的生活，任何人包括底层人和弱势群体才能在生活中体现出人性和尊严。

如果我们思考设计与道德之间的互动，那么就会看到伦理学是做出道德和价值选择的哲学基础。人们只有认识到一个两难的困境存在着，并有意识地估量可选择的双方，才能做出道德决断①。

设计的伦理学是一个相对古老的话题。但当我们将设计的伦理学与社会保障体系结合起来并进行系统的研究时，却往往发现这一理念经常容易被符号化，其研究也容易流于表面。在此以瑞典这样一个很早就建立社会保障体系的国家作为案例。

100多年前瑞典社会活动家爱伦·凯等人在推行设计的伦理及责任时，他们关注的对象更多地集中于社会底层的贫苦人群。这一理念在今天更多地意指通过大规模生产和新材料降低成本，优质但有节制的设计提升美学品位，从而让大多数人用可接受的价格获得美观且实用的产品。我们今天所说的北欧设计实际上包含两种不同的名称：斯堪的纳维亚设计（Scandinavia design）和北欧设计（Nordic design）。传统意义上的斯堪的纳维亚半岛国家，包括瑞典、挪威和丹麦，斯堪的纳维亚设计就是指这些半岛国家的设计。但是，自20世纪50年代以来，芬兰设计也被纳入其中，而冰岛与芬兰一样，严格来说并不处于斯堪的纳维亚半岛，但也属于北欧地区，因此广义上的北欧设计包含了这5个国家。在英文的相关研究文献中，更常使用斯堪的纳维亚设计一词。在维京时代之后到工业革命之前的数百年间，北欧地

---

① 维克多·J. 帕帕内克. 绿色律令 [M]. 周博，译. 北京：中信出版社，2013：70.

区由于地理上处于欧洲大陆的边缘，相对闭塞，新的文化和技术发展较慢，但也正因如此，这一地区可以维持相对自足的经济，传统的手工艺技艺也可以很好地得到传承。北欧的匠人们注重从自然中取得材料、造型及色彩。这种精湛的手工艺技能，在其后北欧现代设计的兴起中起到了标志性的作用。同时，宗教对北欧地区的影响也相当重要。由于历史的原因，北欧国家普遍流行基督教新教路德宗，在这一教派的教义中，勤勉的工作和质朴的奉献，被认为是虔诚的表现。对手工艺匠人和设计师来说，好的作品是信仰的果实。这保证了在工业化时代，北欧更早地关注产品品位及设计的人文关怀。而从民众的国民性上来说，瑞典的Lagom文化深入人心。Lagom一词指的是一种不过多也不过少的分寸感，有些类似中国文化的中庸之道。同时，这一文化也强调追求简约与彼此之间公平分享的默契。在丹麦，类似的文化概念叫作Hygge，而这一词最早又起源于挪威语，本意类似幸福，现在演变为通过提升日常生活的舒适感，进而获得心理上的满足。在北欧设计席卷全球的年代，Hygge一词也随之出口，成为北欧设计及文化的代名词之一。这些国民性格中的共通性，便成为对设计伦理与关怀的社会基础。

全适性设计要解决对人的关怀的问题，要达到设计普遍的舒适感（Hygge），伦理与共享这两个术语在其中将被广泛使用，它们可以帮助我们讨论其价值意义的建构。一些新的设计设想可以通过重新设计现有的产品，如服务设计来提高设计的效率。但是，全适性设计的解决方案注重的是人文伦理，即构思出新的服务方式更容易为人服务，更全面地涉及所有人群。例如，全适性设计在提升设计能力时，应对的是越来越复杂的社会生活，越来越关注以前被忽视的社会人群。与此同时，设计方案还可以与互相、帮助、赠予、共享、奉献等经济模式相结合，为社会救济、文化、福利价值提供支撑，在广泛的不同领域内被加以采纳。

在确定全适性设计这一概念时，我们已经发现，全适性并非仅仅由"为残障及老龄人士进行特定设计"这个简单问题而驱动，它回应的是一个更为高层次的问题："为尽可能多的多元化用户设计"的转变，进而达到"获得高质量生活的世界"这一设计的价值目标。

所以，当全适性设计致力于解决具体问题时，是站在更高的层面上，即了解一般人理想的生活目标，并朝这一目标努力。因此，这些人文性的互相、帮助、赠予、共享、奉献是在具体的行动中来实现价值的，强调让弱势群体参与其中，让残障人士及老年人获得实现自己愿望的机会，而此前这样的愿望是不被纳入设计框架中考虑的。

全适性设计是在两个层面上努力，而使其凸显出更具价值、更有说服力：一是通过关注残障及老年人的努力，从而使社会整体变得更为和谐、更加文明，创造出人类极具意义的社会文明；二是通过实践层面，具体地说是设计共享的努力，为设计带来更多的社会意义，创造出设计新的价值。这正是本文讨论的一个重要方面。值得注意的是：这两个层面存在很大的关联性。全适性设计解决问题的方式以及存在的价值，是由社会问题、伦理、文化因素决定的。当这种关怀式的设计在实施时，是通过设计共享创造了和谐的社会环境，共享、共存体现了设计伦理，营造了一个新设计理念。

"无障碍"设计非常清晰地证明了上述结论，如在公共交通工具上配备提供轮椅上下的升降设施，它表明这一少数出行者的愿望得到实现，却直接为市民提供了一个与前期社会生活不同的，又真正存在的新型社会生活，这一新型社会生活不是可有可无的，而是合适的（Lagom）、舒适的（Hygge），在这样的社会中，公共交通与出行有障碍者之间的关系发生了根本性转变，从"有障碍"变成"无障碍"。所以，全适性设计的价值意义及其吸引力正是来自这两个方面：具体的共享方式和人的伦理关怀。

5.1.3　技术背景拓展下的创新价值

现代技术对于设计创新过程是十分重要的，设计本身就是新的行为生活和新的技术方式的实验室，基于此，全适性设计建立的一系列方法以及纵深的发展均以技术拓展为背景。然后，借助这一背景推广、支持设计的全适性创新，所以，全适性设计既是以技术的拓展为基础，又是助推设计创新的背景，最终确立创新的价值。

而从20世纪60年代开始，人机工程学作为工业设计的一门交叉学科，在北欧得到了快速的发展。同样，由于二战的影响，许多设计师开始关注人体尺寸与机器的比例，研究心理学与生理学，根据人的生理特点来设计产品和操作系统，以提高工作效率，减少误操作及改善工作条件。成立于20世纪60年代末的瑞典人机设计小组（Ergonomi），初始成员为14人，与瑞典多个设计工作室及企业合作，开发了一系列针对残障人士的日用产品和公共设施设备[①]。

实际上人机工程学的实验结果表明，人们在使用日常用品、家具、驾驶汽车甚至是穿上衣服时，都自愿接受了诸多不便。克劳斯·克里彭多夫（Klaus Krippendorff）在关于产品语义学的论述中谈到了人机工程学的局限性：过度地考虑优化系统性能和技术合理性。技术标准统领了日常生活以及个人的幸福感。

"人—物—环境系统"作为一个统一的整体，假如缺失了主体人，则如同玉卮，漏不可盛水。缺失了人的舒适感与幸福感，那些标准的技术数据只对应于物，没有考虑到人的感性因素，仍然不能很好地为人服务。然而，人机工程学正是因强调"人的因素"而产生的，它最初的愿望是"力求使机器适应于人"，所以有人体解剖学、生理学、心理学、工业医学、工程设计、管理工程等领域参与其中。人机工程学强调的是提高人的工作效率，通过研究人、物、环境之间的相互关系的规律，确保人—物—环境系统总体性能的最优化。但是，过度地考虑优化系统性能和技术的合理性，却让设计走向了倒置："使人适应于机器。"

20世纪80年代产生于日本的感性工学和21世纪诞生于北欧的全适性设计，均通过重新整理这一系统的运行方式，考虑到人的多样性、文化的异同性、情感的变化与社会的伦理，以创造更适合人的工作环境与生活环境，使"人—物—环境系统"更协调，从而真正获得系统的最高综合效能。

这是一个对人机工程学拓展的过程，这个过程是开放包容的，是对复杂现象的多种探索，也保留了人机工程学研究方法中的测定法并给予充分的拓展。如实测法，将人体形态学的测定，从普遍基础特征的测量转向个体特异的测量；将生理学的测定，从一般的肌电、反射等普通变化测定转向心理上的用户群与舒适感的测量。

---

① 李一城. 北欧社会的设计伦理与关怀发展 [J]. 美术与设计，2020（06）.

人机工程学中的官能、尺度检查时，有名义尺度、顺序尺度、比率尺度的测定①。与此不同的拓展是：全适性设计最基本的测试形式是用户参与性实验。由测试人员、研究人员、设计师就设计原型进行试用测试，并涵盖了不同的用户群。值得注意的是：官能检查与尺度检查是精确的、固定的、标准化的，而用户参与性测试是柔性的、动态的、多样的，甚至是特殊的。因此，这样的技术拓展可用于包容性的复杂社会现象，更加具体地说，可以为设计者提供用于各种服务需求的工具。这是技术拓展体现出来的创新价值。

这里我们必须考虑另外的一组与全适性设计的关系更为直接的技术拓展，它们虽然千差万别，但又有直接的关联，其中，人工智能的过程也成为全适性设计的工具。人工智能的模型和算法支撑了全适性的测量、生成、验证和分类等基本运作，逻辑推理、概率模型、深度学习的人工智能表明，这种智能方式——无论是最终完成的智能设计还是设计的过程，所达到的效果都远远超出了普通设计的功能。

在应用人工智能技术时，我们必须注意人工智能等辅助工具是一种机器思维模式，需要通过创造性以及社会化的思考，在技术拓展中注入人的感性需求，在各种所得动态数据的定义下，通过工程标准取得设计的最优方案。在智能技术与人的情感之间架起桥梁，体现出技术拓展所具有的潜在价值。

总体而言，在设计的全适性决策过程中，技术的有效性、系统的完整性加上用户的复杂性，促使技术在不断增加和拓展。事实上，技术越发展，设计的依赖程度就越高，在这种背景下的变化也就越快。从人机工程学到人工智能，我们所看到的拓展都不是新的工程技术的拓展，而是人的因素的全面参与，是人的伦理关怀和共享方式的参与。技术作为背景，来实现功能的分享和价值的沟通，这些都是整个流程的基础，当这些特殊的条件进入之后，不仅可以为我们克服技术上的某些局限，还能方便设计者做出清醒的选择，有助于创造一个更有利于解决问题的创新方案。

---

① 黄河. 设计人类工效学 [M]. 北京：清华大学出版社，2006：8.

5.1.4　不同设计维度所构成的综合价值

对于全适性设计的不同维度，上文有所阐述。其所对应的是霍夫斯泰德文化维度理论。而无论哪一种设计，总会有一个维度处于核心位置，体现出设计的最本质含义，这就是被称为"价值"的维度。近几十年来，国际和国内纷纷流行具有人文关怀的设计概念，从无障碍设计开始，之后更有通用设计、服务设计、包容性设计以及全适性设计等不一而足。本文以为，这些设计理念在设计愿景上有所趋同，在设计方法上有所交叉，而在设计价值上则有一个近似共同的目标，那就是让设计所提供的美好生活，能够容纳更多的人，包括边缘人群、少数群体以及各种有着特殊需求的人士。

全适性设计关注的重点是边缘群体、少数群体。谁是少数群体？某种意义上而言，我们每个人都是少数群体。人皆不同，各如其面。我们每一个人身上都体现着多元性。因此，我们认识到全适性的创新始终存在于广泛的社会生活之中。而且，近年来不断出现的经济危机，迫使人们去适应在减少消费的情况下如何生活并重新理解幸福的含义。疫情、战争、贫困、失地、环境灾难也使大量人口从农村迁往城市以求能够过上更好的生活，年轻人外出打工，留守在乡村的老人与孩子面对种种困难。这些棘手的社会问题很难通过原有的传统模式得到解决，从设计开始的自下而上的解决方式可以参与政府决策和社会治理。所以，全适性设计的多个维度也要考虑设计的社会维度、经济维度、伦理维度和医学维度等。当设计置于更广义层面的思考时，不同维度所构成的综合价值才可能发生，全适性的创新作为有力的解决手段出现在整个社会政府的核心议题和治理体系中。

如前所述，全适性设计所做的就是将现有的资源通过设计产生某种能力，以求得到社会共享，从而创造新的价值和意义。从实践的角度讲，全适性带来的是与人机工学、感性工学、服务设计等不同的思考方式和解决问题的策略。从现代主义设计至今的主流设计所用的方式，是一种"常规"的思考和行事方式，无论是生理、心理还是情感，考虑的是大部分正常生活者的愿望，也是其所在社会生活中最常见的方式。

然而，我们当前面临的是一些严重和紧迫的问题，不断扩大的老龄化社会、慢性疾病的全球化蔓延、日益增强的贫富差距以及多元文化社会如何融合等。以不断扩大的老龄化问题为例，在高度发展的工业化社会中，是以更多细分的专业化服务来解决这一问题。而且，"老龄人群不仅仅是一个社会问题，也是解决问题的资源。我们应该大力支持老龄人群的能力及意愿，让他们积极参与解决问题的过程，最大限度地用好他们的社会网络"[1]。可见，这是一个具体而又复杂的问题，并非单一地为老龄人做一个设计方案，它从伦理维度扩展开来，我认为应该比目前细分专业化的方式更加广泛，包括医学维度、经济维度和社会维度，在不同维度的参与下化解这个问题，全适性设计将扮演着全新的设计角色。

　　在伦理的维度上是一种关怀模式，不仅是解决他们的生活、出行、行为问题，还要解决他们融入社会的问题，顺应他们的意愿，让他们方便参与种种社会活动。社会中无能力且地位低的人对于社会中的分配，如老年住宅之外的与年轻人合住模式也能接受与共享。社会中的合适条件可以帮助老年人，避免和控制一些危险的不确定性，提供较好的居住安全，与年轻人建立更融洽的关系。这样，许多老年人将改变自己的角色，与专家、年轻人一起解决自己的问题，融入社会生活之中。文化、宗教、经验、生活的各个方面，各种不同的思想同时交流而存在。

　　以上即是社会维度与伦理维度共同构成了可行的解决方案，一旦多种维度相交，人们的观念就会发生变化，所带来的是一系列出乎意料的积极效应。

　　在种种案例中，维度还延伸到医疗与经济领域，维度是衡量一个社会总体利益的标准，判断是个体的利益还是社会利益。仔细认识这些维度，我们可以发现医学维度和经济维度的参与，以前的医疗是将复杂的问题转移到相关的家庭用户，人与人之间的关系是松散的，人们倾向于关心自己的身体及小家庭的健康。而当老年人参与社会活动，居住地发生某些变

---

① 埃佐·曼奇尼. 设计，在人人设计的时代：社会创新设计导论 [M]. 钟芳，马谨，译. 北京：电子工业出版社，2016：15.

动后，问题则开始移向相关的管理人员，具有集体倾向的社会开始注重群内大家庭，诸如治疗、护理、特定的医疗以及对应的方式，老年人、病人的需求和愿望进一步得到满足，牢固的群体关系可以给人们持续的保护，这便是多维度参与带来的潜力与价值。

经济维度也在其中发挥着一定的作用。党的十九大报告中指出："坚持在发展中保障和改善民生。增进民生福祉是发展的根本目的。必须多谋民生之利、多解民生之忧，在发展中补齐民生短板、促进社会公平正义，在幼有所育、学有所教、劳有所得、病有所医、老有所养、住有所居、弱有所扶上不断取得新进展，深入开展脱贫攻坚，保证全体人民在共建共享发展中有更多获得感，不断促进人的全面发展、全体人民共同富裕。"①这一理念为全适性设计展现了外部经济维度，因为老有所养、弱有所扶作为一种福利经济，是集体消费经济，这一维度需要政府政策的支撑。全适性的方案可以从可持续生活方式与共享发展、获得幸福感的角度入手，与其他维度一起在实践领域产生实际效用。

全适性设计的案例及解决方案，本质上都是复杂的，它的多重维度的结构决定了其成功与否，一个维度不可能代替另一个维度，但它的核心维度是相互转移的，一切都因成员对物质、情感、需求的满足所能接受的程度为基准。某一维度显示在伦理的生活上是值得追求的，就不需要任何证明其合理性，某一维度在医学上是可以通过设计达到的，如病人所用的辅助工具，就需要在经济上较多地给以支持，这也反映了全适性设计"人性的本质"。

---

① 习近平．决胜全面建成小康社会　夺取新时代中国特色社会主义伟大胜利：在中国共产党第十九次全国代表大会上的报告 [R]．（2017-10-18）．

5.2 全适性设计价值的验证

5.2.1 从特异到普适的有效推进

最初的无障碍设计，往往是在做一个加法，在原有方案的前提下增加专为特定人群的改造，在成本和美观等多方面都有所掣肘。而在全适性设计的设计师之间，更常用的关键词语是"各方都能接受的设计"。在一个方案的设计之初就考虑特殊需求人士，在设计的过程中将他们包括进来，就不会产生过高的额外成本或者突兀的额外部件，即使是对现有环境或设施进行改造也同样要克服各种制约因素。这意味着设计逻辑从特异性向普适性的转变。

许多研究实例表明，当面对一个社会设计或一些复杂问题时，必须一开始就要将特殊人群拉入进来，不能忽略其存在，否则达不到"各方都能接受"的效果。即便是单一的设计，只要不是为特殊人群所做的设计，也应该考虑他们的因素，以产生多种解决办法的可能性。

在过去的设计思维模式中，将一个特异性功能增加进来，或专门设计一个特异性方案的方式时常可见，似乎也未尝不可。如为身体有残疾者设计一种轮椅，为这种轮椅专门设计一个出入口，或者为糖尿病病人设计一种自己可以操作的注射器等。但是，这种特异性的设计方式在今天已经越来越少，当设计过程的所有参与者都明确地具有了全适性的思维概念之后，他们就认可了他们所做的设计所具有的创造性价值和意义。

例如，各种社会组织和设计公司在特殊人群与服务机构、老年人、患者与健康服务机构之间建立了联系之后，就会听取他们的建议和意见，能够为改善特殊人群的生活质量通过若干方式来解决，并在做普通的设计时改进其处理方式，不再将两个目标区分开来。设计者清楚地意识到不能将设计局限在特异性层面，必须同时考虑普适性的层面，所做的设计方案应该具有普遍价值，每个设计方案在最终所产生的成效要具有普适性。从单一的特异性设计向复杂的普适性设计的推进也可以发生在为身体有残疾者的轮椅问题的设计过程之中，目前的设计无法让轮椅上下公共交通工具，或者只能在私人汽车上增设一个装置以便单独上下收合。面对此类问题，一种可行的方案是在新的公共交通工具上设计此装置，使之成为普适性的交通工具。假如再做进一步的推进，通过改进方案使正在使用中的公共交通工具也具有这种上下装置，真正让其实现全适性的功能。

这一推进是有效的，也检验了全适性设计的社会与生活价值。由此可见，没有哪一个设计方案和过程可以仅仅停留在针对特异的问题上，只要给予思考，没有哪一个方案不能做到普遍的适应。而关键在于考虑这个设计方案时，应该从一开始就将特殊问题列入其中，而不再去改进和第二次解决。因为，这并非一个简单的问题，而涉及权力和经济，需要与相关部门沟通并得到支持。尽管如此，从特异到普适的有效推进中，有一点是明确的，一开始的设计解决方案就应该是在设计者的思想中立足于考虑特殊需求人士，以使这一设计成为让"各方都能接受的设计"。

对于设计者而言，最重要的首先是要采用一种以特殊人群为中心的思维方式，在关注他们的同时关注正常人群。如果第一步正确，那么设计者接下来需要让特殊人群在这个项目中参与进来，在建构过程中共同寻找解决问题的方案。然后，设计者再让所有用户相关者提出相应的需求与建议，这样一来，最终的新产品或设计结果将对每一个参与者均产生价值，也就保证了这一方案能够在社会生活中被所有目标人群完全接受。

从特异到普适的这种推进，我们可以看到它不仅仅是针对复杂性的问题而提出的新方案，也是在创造出一种新的设计理念和新的设计价值，这种理念和价值是在多种维度上支撑着特殊人群以更便利、更好的方式融进社会生活。解决特殊问题和解决普遍性问题，从以前的分开设计甚至对立状态到相融一体，全适性设计因此真正带来了突破性的创新。尽管这些设计创新仍处于最初的状态，还未达到成熟，多数设计师也没有认识到其意义，未能掌握其中的重要方法，但它完全可以成为一种新设计的起点——一个文明幸福社会所具有的文化，这是从所举的实例来看已经被证实的。

5.2.2 全适性设计价值的检验

全适性设计是否具有价值，这一点不容置疑！而要对这一价值进行验证，需要从两个方面展开，一是全适性价值的设计逻辑验证，二是全适性价值的设计实践检验。

从设计逻辑上验证全适性的价值。赫伯特·西蒙（Herbert Simon）认为，设计是将当下（令人不满意的）情境改变为理想情境的过程或活动。他将设计呈现为一种科学，并做了如下的阐述："生产物质性人工制品这种智力活动与为病人开处方没有本质上的区别，与为公司制定新的销售计划或制定社会福利政策也没有本质上的区别。"[①]可见设计行为与医疗行为、社会政策制定是一致的，是以人的尺度为尺度，以人为中心的。对设计价值的检验，就是验证一个人是如何通过设计而在生活中实现成为真正的"人"的价值，验证一个社会共同体是如何通过设计实践形成这个社会生活的品质的。

如果我们追溯一下英语中"Design"一词的来源，会发现其拉丁文的词源是de（出来）+signare（标记），简单理解为"标示出来"。基于这种原始的含义，我们可以进一步对此理解为：设计就是赋予事物以意义。在技术不断更新以及创新设计思潮不断涌现的当今，我们需要思考的是：设计的价值是否主要体现在与现有产品和服务相关的一系列技巧之上？设计是否同时也被当作一种独立的知识形式？设计是否能够形成一整套全新的价值理念？[②]事实上，离开了人，离开了希望我们提供"照料"的特殊人群，没有社区邻居、相关人员的积极参与，事物和意义就显得十分狭小和单薄，全适性设计服务根本无法实现，这是能够保障设计可行的前提。

这里也要引入产品中心性的概念。这是一种设计范围的定义，其认为设计的最终充分结果是得到产品。产品中心性概念的局限性在于：将设计所得到的产品等同于整个设计范

---

① Herbert Simon, The Sciences of the Artificial, Karl Taylor Compton Lectures（Massachusetts: MIT Press, 1996），111—138.
② 约翰·赫斯科特. 设计：无处不在 [M]. 丁珏，译. 南京：译林出版社，2013：127.

围，这在很大限度上限制了设计本身。

但是相较于赋予意义的定义，在我们一般的认知中，设计，尤其是现代设计，其定义更偏向于造物甚至是制造方面。在物质的世界中应用某些技术来实现一些功能，只要这一创造物与以往的内容有所不同，便可以被解释为"设计"。这使得对于设计的理解简单地向着技术与功能的角度偏转。

但是，从社会语言学的语境来理解，人往往并不会孤立地去使用某件物品。一件设计品，同时还有着与自体、他者之间的多样关系。一件物品，同时也是使用者身份的表达、沟通交流的介质以及对于其社会关系的物质支持。也正是基于此原因，我们应当以不同维度来看待设计，全适性思维的价值也正是基于此。

克里彭多夫提出了产品语义学的概念，产品语义学是研究造物形态在使用情境中的象征特性（symbolic qualities），并应用相关知识来研究工业设计的对象。产品语义能体现出设计的整体性，在某种客观语境（情境、用户、人际关系、自我审视等）中完成对事物认知的建构。

对许多设计师而言，不应该再将自己定义为创造性的或是艺术性的服务提供者，而是要以设计思维来理解更为复杂的事物。当今的设计研究，正越来越多地进入到跨学科领域，并逐渐引入批判性思维。正如弗里德曼所说，在一个维度上，设计是一个思考和纯粹研究的领域；在另一个维度上，这是一个实践与应用研究的领域[1]。这个思考与实践的核心就是人，全适性设计的思维和价值与之前的为人的设计有些不同，它更加深化、更加宽泛，涉及所有的人。人是全适性设计唯一牢固的基础。

因此，在批判性设计实践中，设计师们拒绝将工业设计的角色局限在物的生产上，也拒绝认同工业设计唯一的目标是获取经济收益与技术进步[2]。而综合的、全面的、预期的

---

① Friedman, Theory Construction in Design Research[A]. Design Studies, Volume 24, Issue 6, November 2003: 508.

② 马特·马尔帕斯. 批判性设计及其语境：历史、理论和实践 [M]. 张黎，译. 南京：江苏凤凰美术出版社，2019：3.

设计是一种需要通过多学科筹划、调整的行为，它会在各学科交叉的界面上持续不断地展开①。以上从设计的定义、目标论证了全适性设计的逻辑形式的合理性和准确性，也是其价值的合理性与恰当性，还应讨论并检验其实践中的有效性问题。

接下来从设计实践的有效性上检验全适性的价值。这就要从全适性设计实践所建立的主客体之间的关系为评判依据，前面论证了全适性设计是一种为所有人服务的设计方式，它分享便利、健康、舒适，向需要照料他的人提供通畅的、全方位的服务，将他们与社区的复杂生活联结在一起。

有效性的检验是一个过程，在现实生活实践上，设计是随着需求者的现实情况而变化，处于一个运动变化的过程中，其价值关系也是不断变化发展的。为躺在病床上的病人设计一个喝水的杯子，为轮椅在公共交通工具上设计一个能够上下的装置，都属于非常特殊的案例，所体现出来的有效性价值也十分明显。有一个"通过云计算来帮助人们照料他人"的案例②。这是一个协作式的组织，看上去并没有具体的产品来做针对性服务，但它的有效性体现在将社交网络与现实生活空间联结在一起，帮助人们把存在的问题通过简便通畅的网络交流平台关联。

埃佐·曼奇尼在《设计，在人人设计的时代——社会创新设计导论》中提到一个有意义的案例Tyzc："Tyzc是一种服务，它借助个人的、私密的、安全的在线网络来协调看护工作，有助于提升个人健康，也创造了社会价值。首先受益于此种服务的是治疗中的重病患者、老人和残障人士。Tyzc还和一些意识到需要使用新工具把正式和非正式的看护系统连接起来的机构合作③。"这个实践案例是拓宽并增加了设计的有效性价值，在当今繁杂忙碌的生活中，家人、朋友和邻居无法全力去照料某个生活有困难的人，而Tyzc通过交

---

① 维克多·J. 帕帕内克 . 为真实的世界设计 [M]. 周博，译 . 北京：北京日报出版社，2020：441—442.
② 埃佐·曼奇尼 . 设计，在人人设计的时代：社会创新设计导论 [M]. 钟芳，马谨，译 . 北京：电子工业出版社，2016：96.
③ 埃佐·曼奇尼 . 设计，在人人设计的时代：社会创新设计导论 [M]. 钟芳，马谨，译 . 北京：电子工业出版社，2016：96.

换信息，去协助需要帮助的人解决他们的困难，这个实用简便的方案，是一种十分有效且体贴的方式，把每个人可以提供的资助和照料传递上去，创造了一个最佳的解决问题的可能性。

Tyzc是一个非营利的看护机构，它致力于提高残障人士和社区生活的品质，所表现出来的正是从特殊人群需求入手的设计原则，通过关怀性参与将设计活动向特殊人群开放共享，从而对应特殊性展开种种设计服务。Tyzc也体现了全适性设计向需要照料的人提供通畅的、全方位的服务，在他们与社区的复杂生活之间架起了一座无形的桥梁。同时，也证实了《小即是美》（*Small is Beautiful*）一书的作者舒马赫的观点，其认为内在价值的重要性是存在于自身的，同时也是平凡和非功利的[①]。

5.2.3　评估标准的建立及运行

一门学科充分应用评估系统工具，将思维、价值、成效、方法、规则进行全面的评估，以检验其是否合理与可行，验证其解决问题的"普遍有效性"，标志着这门学科的成熟与否。目前的全适性设计研究，无论是北欧还是日、美，历史都很短，研究也不够充分，远远未达到成熟的地步，只能说尚在初期的发展过程之中。或许这里所讨论的评估体系，只能提供一些方法思路，重点在于对全适性设计的某些基本形式结构、规则、方法及成效，提出评价结构和初步方式。但是，这却是不可或缺的一步，但愿这初始的一步，对全适性设计的研究和探索有所裨益。

在以人为中心的全适性设计的思维与理念中，一开始就非常注重用户的感受和体验，强调使用者对某项产品以及系统服务时所做的测试和评价。其中，可以归纳出三大类：第一类，是设计前的测试，称为前测。通过访谈、问卷测试收集到的数据集中问题，使设计

---

① 斯图尔特·沃克. 可持续性设计：物质世界的根本性变革 [M]. 张慧琴，马誉铭，译. 北京：中国纺织出版社，2019：31.

能够准确定位，具有靶向性目标。第二类，是设计中的测试，称为阶段性评价。对改进中的产品或系统测试和试用，然后再改进，以求定位的准确性和功能的有效性。第三类，是设计后的测试，称为总结性评估或后测。这是对完成设计后的产品或系统做出最终的评价，应该采用定量的方式，与前测做比较，观察其成效，并选择是否提交给生产企业。

以上为用户评估，由用户参与设计互动，目的是让使用者真实地反映切实需求，确保设计的有效性。

还有一种是专家的评估，可以有设计实践专家、设计学专家，也可以有社会学专家、工程技术专家、创新实践专家和管理学专家参与，从多种角度对产品和系统做出评估。目前国际专家对于用户体验测试的评价，在品牌、功能、内容三个方面之外，增加了可用性的评价。如沙克尔认为可用性的因素包括有效性、可学性、灵活性、态度四个方面。尼尔森认为可用性应该由可学性、效率性、可记忆、容错性、满意度五个方面组成[①]。在全适性设计中，对于用户是否能够很好地使用系统和产品，也是重要的评估标准之一。但是，全适性设计更重有效性与普适性，有效与普适是全适性设计评估的核心。

注重用户的感受和体验在全适性设计中是极为重要的过程，甚至具有一定的指导性作用。因此，对于测试体验需要确立规范的评价标准，根据这些标准才能形成设计的准则，才能具有直接的指导性意义。对不同过程的测试体验所得数据的评价，可以按照以下六大指标作出评价：

1. 特殊问题诊断准确性的评价；

2. 改进功能合理性的评价；

3. 新产品或系统可用易学的评价；

4. 使用成效突出的评价；

5. 特殊人群满意度的评价；

---

① 罗仕鉴，朱上上，沈诚仪. 用户体验设计 [M]. 北京：高等教育出版社，2022：217.

6. 正常人群普遍适用的评价。

特殊人群有各种各样的特殊性问题和需求，必须有一个专门的诊断，以避免出现不符合现状的判断，所以用户参与者和项目主持人会观察这一过程，当出现偏差时将及时终止并为诊断作出准确的选择。如果初期发生错误，必然会对后续工作产生误导，无法实现其功能目标。在改进原有产品功能方面，是否合理可用，需要在中期阶段做出试用的评价，参与者将会提出建议改进，这是面向用户的需求，必须让用户充分测量以求得功能的满足。同样，一个新的产品或系统的建立，也需要对用户进行检测，观察试用过程中其功能与特殊需求是否合理匹配。

一项新的系统或产品在推出的同时，通过用户测试掌握是否具有可用性与易学性，特殊人群大多是残障人士，他们无法像常人一样顺利操作使用产品，这就需要有一个易用易学的方式而不是复杂的教程，需减少复杂的操作，减少记忆和学习时间，甚至通过一个极简单的方式来优化解决，是否易用易学应该是一个重要的评价标准。对于特殊人群的使用成效，从功能到审美，从一般到突出，可以对照初测时的数据进行评价，这可以帮助设计者了解产品和系统的设计质量能否达到最初设定的目标，质量的高低、好坏直接影响到特殊人群的需求是否能得到真正满足。

还要对特殊人群的满意度做出评价，全适性设计从特殊人群开始并从特殊人群的满意度结束。为确定用户的满意度可以采用线上、线下问卷或访谈等形式进行调查，收集数据内容分析，如发现存在问题可以记录反馈给设计者或决策者以求改进。对于正常人群能不能普遍适用也可作出评价，通常情况下，如果特殊人群能用那么正常人群使用也不会存在问题。但是，正常人群同样有舒适度的认可情况，还有功能、经济、美学、适用方面的认可。这就为进一步完善设计提供了准确的依据。

对于专家的学术评估，是从多角度对产品和系统作出的评估，归纳一下，有以下四种参考指标：

1. 易用性评估；

2. 有效性评估；

3. 普适性评估；

4. 系统性评估。

易用性就是上述易用、易学的方式，与用户评价不同的是：社会学家们可能从心理的角度考虑易用、易学所带来的特殊人群的兴趣和简便性。针对残障人士的设计，这种简便的方式有利于舒适度的提升，兴趣程度也会相对提高。

设计专家强调功能的有效性，全适性设计就是在有效的基础上解决特殊人群问题的，用户对功能的评价是针对能否解决特殊问题的测试，专家则会再增加一些特性，如材料、环境、硬件、效率等能否有效达到目的，将这些与特殊人群的需求联系起来，评估它们的匹配程度。

创新专家可能认为普适性在设计创新过程中特别重要，社会应该成为新的生活方式的试验地，而借助这一普适性设计来推动社会转型创新，这是社会进步的标志。普适性也是全适性设计的核心，在特殊人群与普通人群之间有了沟通、共享和平等对话，因此是重要的评估标准。

管理学专家评估的目标会在效率和系统有效性两个方面展开，有些交互式的系统是否易学，运行状态和质量如何？特殊人群在什么情况下才能方便应用这一系统设计？这是全适性设计在特定环境下产生效率的重要保证。总之，随着研究的深入，全适性设计评估的方式将会不断完善。

5.3　全适性创新思维模型与验证

《辞海》对于思维的定义主要有两个：1. 指理性认识，或理性认识的过程；2. 相对存在而言，指意识、精神。而设计思维（Design Thinking），可以理解为改变人所构建的外部世界的创造性体系。全适性创新思维，其模型的构建在前人的基础上以方法和实践为主体。相关验证，可以理解为通过提供客观证据对规定要求已得到满足的认定。全适性创新思维，可以应用于不同的领域，本节内容也会以现有的案例对其进行验证。

5.3.1　全适性设计创新思维模型

设计思维是"试图理解人到底是如何进行设计的"。因此，在这里设计思维是用来细致地理解设计现象的。

作为一种思维模式，设计思维除了应用于不同的设计学科外，当然也可以应用于其他领域。在上文列出了许多不同的设计概念，都是具有人文关怀的设计思维。不同的设计概念对边缘群体的认知也是不同的，图5-1中包容性设计对于轻中度障碍和严重失能进行了区分，并通过这一金字塔模型，将其针对的目标人群进行了定义。包容性设计并不以最顶端重度失能者为重点，而将关注的中心设置在不存在困难的大众群体以及有着轻中度困难的用户上。

作为英国皇家艺术学院海伦-哈姆设计中心的主任，拉玛·吉拉沃（Rama Gheerawo）在其新书《创意领导力：从设计中诞生》（*Creative Leadership: Born From Design*）中，描述了领导力的三个核心价值：同理心、清晰的条例、创造力（图5-2）。创造力是一种普遍的能力，可以发展对我们自己和他人产生积极影响的想法；同理心是21世纪领导者的标志，被认为是一种标志性价值观；清晰的条例是将愿景、方向和沟通、个人和专业联系起来的纽带。

而全适性创新思维的核心是"人"，通过适应边缘群体以及从特殊需求的人群入手，进而满足不同群体的需求，既包括一般需求，也包括特殊需求和专业需求。在这个过程中，利益相关者作为用户和参与者进入设计的共建过程，辅助技术和跨学科的协同作为重要元素支

图 5-1 不同障碍程度下的设计的导向性
资料来源：引用自剑桥大学 http://inclusivedesigntoolkit.com

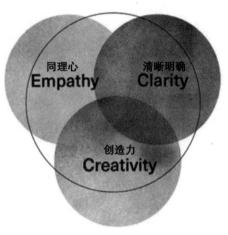

图 5-2 创意领导力模型图
资料来源：Helen Hamlyn Center for Design

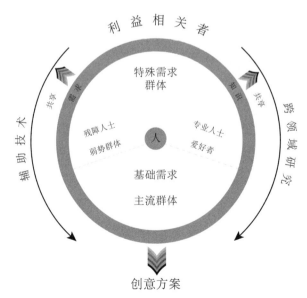

图 5-3 全适性由特殊到普适的共享思维模型
资料来源：作者自绘

撑，帮助创意和原型的诞生，最终所产出的成果具备优质、普适和耐久等特点，为尽可能多的群体所利用，不必做针对性的分割。

作为设计师，同时也应当是有远见的现实主义者，对于设计的思考不能局限在单一项目的狭小范围内。全适性的设计思维也不应仅仅应用在具体的产品设计过程中。对于我们现实世界的物理构造、城市的建造、道路和桥梁的建造、政治和社会制度的规划、服务和体验、科学的工具以及教育的课程等，都可以获得全适性思维的助益。在过去的100多年间，随着工业和技术的发展，我们的世界已经完全地改变了，人们的寿命、工作的模式和对社会的参与也已经完全不同。但是，不变的是障碍的存在，而且随着社会的发展，障碍的形式也由物理存在更多地转向社会和文化意义的区隔。

这一思维的采用，也不仅局限于设计师，包括但不限于规划师、工程师、企业家、管理人员、教育工作者和政治领导人等群体都应将其视作一种具有创造力的工具，同时也是道德的挑战。

而全适性创新思维的模型（图5-3），其核心仍然是对"人"的研究，通过确定利益相关者的庞大群体，寻找出具有特殊需求者，通过对他们的研究，将其特殊的需求以及专业的知识，在与设计师和研究人员的协同设计过程中，共享给主流群体；在辅助技术和跨领域研

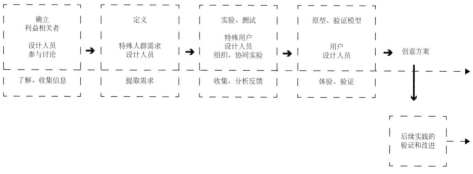

图5-4　全适性团队协同过程的模型
资料来源：作者自绘

究的支持之下，最终产出具有创意并且适合尽可能大多数群体的解决方案。

全适性团队协同模型，是使利益相关者介入设计全过程的协同模式（图5-4）。这一过程包含了相关者知识和信息的分享，团队内不同成员间的沟通协作，以及对于信息的反馈、收集和分析。团队的工作模式，在平等的基础上，有着基于同理心的身份互换和认同，在信息充分共享的前提下，通过全适性的方法流程，获得协同的创造。

全适性由特殊到普适的共享模型，以及全适性团队协同过程的模型，有别于传统设计的思维方式，其更强调人的核心地位，强调从有特殊需求的人群入手，不再将弱势群体和主流群体加以区分和割裂，促使我们在思考和研究的过程中采用一种更系统和整体的概念框架来寻找创意的解决方案。这两个模型所要描述的恰是有别于传统地从主流群体出发的思维模式，通过全适性的思维，将少数群体在最初就纳入考量中来，其目标愿景在于创造一个所有人都有平等机会参与的社会。

5.3.2　对老龄化、少子化与多元化的验证及案例

对全适性思维的验证，首先是其对边缘群体的适应性。其中，作为边缘群体产生的重要原因之一就是老龄少子化以及全球性的社会多元化。这些现状及其之后带来的经济问题直接催生了许多所谓的社会排斥群体。能否在全适性的前提之下通过设计或是其他手段实现对这些群体的社会化容纳，是值得探讨的话题。

老龄化、少子化与多元化是目前世界上许多国家都面临的状况。以往认为高龄少子的情况仅仅出现在发达国家，但最新的数据显示，包括印度等南亚国家，菲律宾、马来西亚等东南亚国家，都受到老龄化或少子化的困扰，甚至一些撒哈拉以南非洲国家的出生率也在快速下降。

对于老龄化的阐述，前文已涉及很多。而在少子化方面，近50年来，全球生育率曲线一直呈现一种稳定的下降态势，几乎没有反弹。

在《人类行为的经济分析》一书中，加里贝克尔论证了随着家庭收入增长，生育子女作

关节风湿患者：居住环境改造要点

病 症	病因·症状	居住环境改造要点
关节风湿	病因 由于包裹手脚关节的滑膜发炎或增生所致。多数患者的关节疼痛、肿胀、或自身免疫力低下造成（原因不明） 症状 ·关节僵硬（晨僵） ·关节疼痛（疼痛多在早晨，安静时也痛，容易受天气变化的影响） ·肿胀 病情不断发展 ·手脚关节会发生各种变形 ·偶尔导致类风湿结节（肘、膝盖、脚关节上的硬结） ·大约半数以上患者的病情会出现时好时坏的反复发作 慢性关节炎 ·由于关节疼痛、肿胀，致使活动范围受到限制（这种关节上的变化，多数会发生在左右同一关节，加上体质下降，使走路、日常生活受到限制）	·为风湿关节患者实施居住环境改造时，要注意避免给关节增加负担，由于寒冷、低气压和冷风都是加重病情的原因，要充分考虑安装采暖设备、日照等室内环境要素 地板 ·要选择合适的鞋（根据地面材料的质地，选择软底鞋或拖鞋，以减轻脚的疼痛） ·消除地面高差 厕所 ·调整坐便器高度： 　①更换残疾人专用坐便器 　（高度为450mm） 　②设置辅助坐便器 　③加高坐便器的台座 浴室 ·安装适合患者病情的浴缸 　①下肢关节不能弯曲的患者：选择加长浴缸 　②下肢关节萎缩不能触到浴缸底部的患者：要在较深的浴缸中加设坐凳，患者可以坐浴 ·在浴缸上安装可移动座扳 其他 ·在隔扇、拉门上改装棍形把手 ·安装扳把式水龙头 ·提升卧床高度 ·利用辅助用具帮助患者更衣

图5-5 为关节风湿患者进行居住环境改造的要点
资料来源：佐桥道广，《无障碍改造的设计与实例》

为一种经济行为，其收益会下降，机会成本升高，而这也导致了世界范围内少子化的普遍情况。这是一种共性归纳，不排除有少数地区在某些时期背离这一趋势。性别的经济地位平等而社会地位的不平等同样会导致少子化。发展中经济体，随着经济的发展，父母花在育儿上的时间却是下降的。据调查显示，我国2020年的总和生育率已经跌破1.5，这是国际公认的警戒线，对人口结构和社会经济也会造成很多影响。少子化是一个全球性的趋势，即使是印度，总和生育率也已经降到了1.7左右。少子化意味着未来人口的减少。其所带来的问题还包括社会保障体系的稳定受到威胁，例如各国的养老金体系基本还是现收现支的模式，年轻人口过少对这一体系的冲击仍然是巨大的。

以无障碍设计来应对老龄社会，是以往一直采取的措施。在这一方面，日本有着较为丰富的经验。日本学者佐桥道广，在其《无障碍改造的设计与实例》一书中，巨细靡遗地描述了针对患有不同疾病的老年人进行的无障碍改造，主要集中在居住环境方面（图5-5）。他改造所涉及的额外工程项目和成本也成为一种重要限制。更为让人困扰的是：一旦针对性改建后，居住其中的老人离世，所有改造的成果将无人可用甚至对居所的下一任居住者产生负面的影响。对此，日本的学术界和产业界也进行着"无障碍化相对过剩"的讨论。另外，对无障碍的理解，也存在着简单等同于老人、残疾人的误区，使得政府的规范以及社会的努力不能惠及更多需要帮助的群体。

针对上述例子，从建筑和社区的概念上，全适性的思维提倡每个社区的用户都可以访问空间中的各个部分，并充分地加以利用。全适性的思维也被应用在很多工程学科中，例如土木工程、建筑以及室内设计等。

上文有提到过，瑞典政府在20世纪上半叶曾要求设计师以功能主义的思维对新建居民住宅进行设计，可以说是政府通过干预设计实现政治理念的典型。通过全适性的设计思维对社区进行改造，也有着非常丰富的案例。全适性的设计思维不仅对低收入群体可以提供帮助，对生理受限制人士也可以提供帮助。与日本相对的，丹麦在考虑为老龄及残障人士设计时，就不仅仅以无障碍作为标准，而是更多地考虑平等可及性原则，并尽可能考虑让设计的方案能够供所有人使用。

丹麦"残疾人之家"办公大楼，由Cubo Arkitekter和FORCE4 Architects共同设计建造。这是一栋有着20多个不同的组织代表处共同使用的办公楼，在其中工作的既有老年人、残疾人，也有一般的员工。

建筑内以及周边地区可以便捷地为各群体实现导航的目的。通过使用简单而全适的方法：可视或可触摸的标识，并且通过光线、阴影、颜色和形状来定义方向。大楼内对于障碍的排除也面向健全的员工，他们同样能感受到这些设计所带来的便捷和舒适。

建筑物的可及性（accessibility）在这里至关重要，只要从一开始就基于特殊用户做好需求定义并进行设计，实现各个用户群体同时使用的开放性建筑项目就是完全可能的。这也被视作未来建筑设计的发展趋势之一。

同样来自丹麦的建筑师彼得·迪尔·埃里克森（Peter Theill Eriksen）设计了德罗宁根的

图 5-6 丹麦"残疾人之家"办公大楼
资料来源：通用设计：治愈城市病，城市更新时代最强设计蓝海

图 5-7 丹麦"残疾人之家"办公大楼内部
资料来源：通用设计：治愈城市病，城市更新时代最强设计蓝海

图 5-8 丹麦"残疾人之家"办公大楼内部细节
资料来源：通用设计：治愈城市病，城市更新时代最强设计蓝海

图 5-9　莱昂纳多门把手设计，
Leonardo door handle
资料来源：EIDD

图 5-10　The Bradley 系列触摸式腕表
资料来源：Eone 手表官网

度假村。在这一建筑案中，他的设计思想是为特殊需求群体创造一个"充满生机"的生活场所，使他们同健全人享有同样的生活环境。

建筑设计师莱昂纳多的门把手设计，是一个采用全适性思维的设计方案（图5-9）。这证明了包容更多弱势群体的设计，也可以是造型优雅的、被大众所喜爱的产品。

一个在经济层面也取得了成功的案例是Eone手表的设计（图5-10）。Eone创始人金亨洙（Hyungsoo Kim）当时是麻省理工学院的一名研究生，其对于产品最初的灵感来自身边一位有视觉障碍的同学。现有的视障人士使用的手表，经过了无障碍设计，能够满足用户的使用需求，但在情感上让人无法接受。手表往往带有语音报时功能，通过按键可以设置人声报时。但是，这一解决方案让使用者在公共场合会感到尴尬。同时，这是一款仅仅针对视障人士设计的手表，其他消费者基本不会购买此类产品。

从视障人士的需求出发，设计由两颗滚珠指示时间的手表，通过触摸了解时间。这个创意并没有过高的技术门槛，开发成本主要来自众筹网站获得的资金。手表推出后除获得特殊需求用户的购买外，也获得了大量一般用户的追捧。对于没有视觉障碍问题的用户，这款手表设计

图 5-11　Eone 手表设计，从设计构思到原型模型及用户测试
资料来源：Eone 手表官网

的造型优雅并提供了一种通过触摸来阅读时间的可能，这使其能够被广泛的使用。据统计，购买这款手表的消费者中，大部分是没有视觉障碍的人士。这在经济上同样获得了成功。

在这个项目的创意之初，就引入了特殊需求的用户参与共同研发。布拉德利·斯奈德（Bradley Snyder）作为双目失明的运动员，他曾参加2012年和2016年残奥会，赢得了多枚金牌和银牌，并打破了世界纪录。他被邀请分享其对于手表类产品的需求，并且参与设计原型的测试（图5-11）。最终开发完成的产品是通过触摸的方式阅读时间，并以他的名字命名了"The Bradley"的腕表系列。这款手表的设计获得了iF产品设计奖，并被大英博物馆收藏。

The Bradley腕表的设计遵循前述的原则并表现在以下几个方面：

1. 从特殊需求用户入手，倾听他们的需求；

2. 邀请特殊需求用户参与设计的过程，对设计模型的原型进行用户测试；

3. 收集反馈并加以改进；

4. 并未通过复杂的技术而是用简单设计的方法来改进现有产品；

5. 控制了开发和生产的成本。

在公共交通工具的设计方面，丹麦哥本哈根地铁项目是一个考虑了全适性的方案（图5-12）。哥本哈根新城市铁路系统实施机构，由哥本哈根市政当局和丹麦国家财政局共同组建于1993年。对于这一较为庞大的项目，哥本哈根市政府雇用了不同的设计公司来参与调研及设计的全过程。1994年年初就聘请咨询机构，为整个地铁体系提供优化建议。在设计层面，CarlBro Design 公司做了设计的前期调研，各种潜在用户都参与了进来，包括推婴儿

图 5-12 丹麦哥本哈根地铁车厢的视觉元素设计
资料来源：管轶群，为人人共享而设计

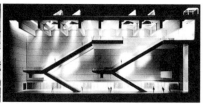

图 5-13 丹麦哥本哈根地铁车厢内部及车站设计
资料来源：管轶群，为人人共享而设计

车的旅客、带自行车的人、携带大型箱包的、带有儿童的乘客，视觉障碍、听觉障碍、行动障碍的人群、轮椅使用者等。各种需求被整合成简洁的草图和说明，作为日后设计合同中要求考虑的组成部分。在设计的后期，来自意大利的Giugiaro Design 设计公司制作了等比例的车厢模型，对不同的用户群体进行测试，优化解决方案。这一设计项目尤其考验设计的利益相关者之间的互相协同，政府、设计公司、测试用户以及承建方之间在一个共同目标的引导下协作推进项目，这尤其考验沟通交流和合作的能力（图5-13）。

丹麦哥本哈根地铁项目的设计遵循了以下的原则：

1. 选择了多种具有不同需求的用户群体参与前期调研；

2. 制作了等比例的实物模型作为原型进行用户测试；

图 5-14　OXO "好握"
（Good Grips）削皮刀
资料来源：OXO 公司官网

图 5-15　OXO "好握"（Good Grips）系列厨房用品
资料来源：OXO 公司官网

3. 有多个利益相关者之间的协同合作。

　　"Smart Deisng" 设计事务所为OXO公司设计了 "好握"（Good Grips）系列产品。OXO公司的主要产品包括居家清洁用品、厨房用品以及婴幼儿餐具。导演Gary Hustwit在他所拍摄的工业设计纪录片《设计面面观》（*Objectified*）中也提到了这一案例。OXO的创办者Sam Farber发现妻子由于手部患有关节炎，在使用削皮刀的过程中感到很困难。首先，细小的削皮刀柄让她很难握住；其次，传统的Y形削皮刀也使她难以发力。因此，山姆找到了 "Smart Deisng" 设计事务所的设计师来帮助他解决这一问题。在经过多次测试以及寻找可用的设计原型后，他们发现带有螺纹的塑胶自行车把手意外的适合（图5-14）。以此为基础，OXO开发了 "好握"（Good Grips）系列产品，首批15件厨房用品于1990年推向市场后受到了广泛的好评（图5-15）。

第六章　全适性设计的应用实验

全适性设计的过程，强调利益相关者全程参与，需要在实践中检验全适的可行性。应用实验是实现全适也是团队间交互协同的重要路径。在此将全适性设计的相关应用实验单独作为一章加以论述，是因为其中包含了许多协同沟通的具体方法，可以说是应用实证的实践分析。通过一些项目案例，可以看到全适性设计及其创新思维在实践中的应用。对于这部分内容，主要分三个部分来进行介绍：模拟性实验是可以用于企业及教学的启发性实验；线上及线下的全适性测试系统，为产品研发的过程提供了不同的视角；用户参与性实验是设计师与用户共同进行的设计活动。

由于所有这些实验都涉及测试人员的参与，其中包含相当部分的身心障碍者或弱势群体，因此实验和研究的开展要注意到参与者的安全并符合伦理。具体而言，所有实验参与者都应当享有知情权，要充分了解实验的内容；实验的操作、与产品和环境的互动都应当保证安全低风险；实验的过程应当尊重所有参与者，保护其隐私并避免引起不适的举动或问题。在对测试人员的保护层面，除了生理上的安全外，还要注意心理上的保护。常见的敏感话题应该避免，并对测试人员的禁忌问题可以提前调查并规避。

如有必要，可以与测试及实验的参与者签订知情同意书或免责协议。

6.1　全适性测试系统

作为全适性设计方法的重点，用户测试是经常被使用的手段。测试的种类也有许多。前文探讨人的多样性在全适性设计思维中的地位，要将人的多样性纳入测试中去，并从多样性中产出有价值的成果，这就要求设计师能够尽可能多地去了解用户。参与式设计的理念也被应用于此，利益相关者参与设计的全程是经常出现在全适性设计中的情况。在本小节中，将更详细地阐述用户测试面向的人群以及介绍几种基本的用户测试方式。

有多种途径可以募集参加用户测试的测试者。在这里我们希望这些测试人员区别于主流用户群体，有着自身的特殊性，并且具备多样化的特征。多样性可以体现在性别、年龄、文化背景、教育背景、不同的身体受限制情况、在某个领域的专业知识和能力等不同的方面。我们会通过一些机构和商业实体来发现和联系到这些人员。以我在瑞典及北欧地区进行的用户测试为例。欧洲设计与残疾研究所下设的全适性设计协会，致力于推广全适性设计理念，通过这一协会可以联系到不同的研究者和以往参加本领域用户测试的人员。瑞典残障研究中心与许多医疗康复机构有合作，他们还可以联系到独立生活但期望参与更多社会活动的残障人士。有部分测试的委托方为企业，他们通过咨询机构有偿邀请其产品的消费者参与实验。一些成熟的大型企业有自己的用户库，企业和用户保持长期的联系并从他们那里接受产品信息的反馈，这是很好的资源。通过商会或者行业协会、技术联盟，还可以邀请到某种产品的专家级用户，他们可能是工程师或研究人员，有着专业的知识和见解，将某类型的产品作为生产力工具。另外，其他利益相关者也可以作为被试者参与到实验的过程中，产品的投资方、生产者、政府机构相关岗位的公务员等，也可以提供特别的反馈。

当招募的测试人员达到一定的数量，就可以对其进行细致的分组。这种划分组别的模式有些类似于商业和管理学中的用户细分，会根据人口统计的基本信息以及行为数据等进行分类。在全适性设计的用户测试中，分组的依据各不相同，只需要确定一个或多个"必要条件"作为区分的标准即可（有时不同的必要条件会重复覆盖同一个测试人员，属于正常现象）。例如：最常见的是以不同生理障碍为条件的分类，视觉障碍者和下肢障碍者会被分在不同的组别；或者依据身体失能的程度，轻度失能者和重度失能者也可以作为不同群组。对测试物件的了解程度、是否有在使用、是否具备相关专业知识也可以成为必要条件。有时被试人员所居住的地区也能成为必要条件之一，毕竟一些现场测试的需要考虑到差旅费成本以及长途跋涉所带来的意外可能，就近居住的参与者才是最好的选择。

测试人员的个人数据应当保密，因为这不仅包含私人身份信息，可能还包括身心所存在障碍的情况，测试人员出现在研究报告中应当保持匿名或使用化名（本人希望具实名者除外）。

在组织小型日用产品的测试时，由于被试产品本身需要双手进行精细的操作，因此联系到瑞典风湿性关节炎研究协会，他们推荐了许多手部力量弱小，关节肿胀变形的关节炎患者，这些患者成了很好的测试人员。

另外，有一点需要注意的是：尽量不要选择在短期内接受过同类调研的用户，因为之前参加调研的信息有可能干扰到本次测试。

通过公开招募的形式也可以募集用户，需要注意的是评估招募的成本，包括投放平台的费用以及给付的报酬等。

关于对测试人员的简单培训，是要让测试人员了解此类用户测试的方式。测试人员熟悉实验的流程和沟通的形式，可以消除自身的紧张情绪，确保自己能够给出更为准确真实的反馈。现场观摩的形式是了解此类实验完整流程的较好途径。让用户了解其应当给出直观的感受，而不是对产品建议性的内容是很重要的一点。

如果测试人员期望了解研究的结果，在不违背保密要求的前提下，可以对其分享研究报告或将成果的重点加以传达。这对测试人员加强对实验的认知以及提升参与的积极性有着正向的帮助。

6.1.1　线下测试的组织

现场试用测试是最基本的测试形式，测试人员和作为监督者的研究人员或设计师共同就某一个产品（或设计原型）进行试用测试。参与测试的人员应当经过筛选，选取最适合这一项目测试的用户，同时尽可能多地涵盖这一产品的不同用户群。

在田野实验中，由于被研究者意识到自己正在被观察从而改变其行为的倾向，这种现象称为霍桑效应（Hawthorne Effect）。现场用户测试的过程中，"盲测"可能是避免或减轻霍桑效应的方法之一。另外，引导测试者给出更有价值的反馈也是很重要的。如果测试人员在评估一个杯子，其给出的反馈应当更接近自身体验的直观感受，而不是给出改进的建议，例如"这个杯子这里需要加一个把手"等。

在线下的产品试用测试中，这些测试人员在参与测试之前应当接受基本的培训，主要

图 6-1　作者与测试用户在某小型便携产品的测试现场
资料来源：作者拍摄

基于以下原因：测试者常常会给出他们认为提问者愿意听到的答案，或者是提供那些让自己听起来像是专业人士并且经过深入思考的回答①。这是需要排除的现象。整个测试过程应当经过设计，分为若干个步骤，将相关的信息阐明，让测试者了解需要做的事情，但确保他们不会过度地接收不必要的信息，保证在测试过程中的试用仍然是他们第一次使用的过程。测试监督人员在测试的整个过程中会向测试人员提出问题，这些问题也应当事先准备并经过论证，避免诱导性的提问及重复提问。问题应当针对使用感受而非问题的解决方案。测试后，监督人员对收集的测试人员的反馈信息进行整理，以留待下一步的分析。

　　用户测试所面向的对象可以有很多，相同点是他们都需要通过用户的参与和测试来收集反馈信息，不同的是他们的最终目的。因此，用户测试可能服务于商业开发、科学研究、教学或公共服务领域的统筹规划等。企业在新产品的开发阶段，可以利用用户测试，收集不同用户的第一手资料，为新的产品设计提供帮助。对他们而言，在原有产品的改良设计阶段，

---

① Henry Dreyfuss, Designing for People[M]. USA, Allworth Press, 2003, 45.

图 6-2　企业对现有产品包装设计进行用户测试
资料来源：Unicum 北欧全适性设计中心

现有自身产品或同类产品的评估等方面也都可以利用到用户测试。学校在教学的过程中，可以让学生参与、学习如何组织一场测试，如何设置测试的相应问卷，如何提出问题与收集反馈信息。研究机构进行研究活动时进行测试收集反馈，将这些信息有效地应用于科研。独立设计师或设计机构参与用户测试，进行新设计的开发等。一些专业机构通过用户测试，对符合相关规定的产品进行认证，如风湿性关节炎协会通过测试证明某产品适合此类人士使用并给予认证。另外，政府也可以对目前市场上在售产品以及由政府补贴的公共设施设备等进行测试，了解其使用情况和不足等。

　　以下是一个实例，瑞典一家医药公司委托全适性设计研究中心，对其鼻喷雾剂产品进行用户测试。

　　鼻喷雾剂分为清洁型（采用生理盐水）和药物型（激素、抗组胺药及血管收缩剂）。激素类的鼻喷雾剂是过敏性鼻炎、慢性鼻炎等的核心用药，鼻炎患者对此类药物相当熟悉。抗组胺类鼻喷雾剂能够缓解过敏症状，对于如连续打喷嚏、眼睛发痒等过敏造成的症状有很好的缓解作用。相比起口服抗组胺药，副作用较少，可以保证长期安全使用。抗充血剂类鼻喷雾剂，在进入鼻腔后，短时间内可以收缩鼻腔血管，减少鼻腔内黏膜的体积，缓解鼻塞，保障呼吸更为通畅，缺点是长期使用可能产生依赖性。

相比起药物型，清洁型的鼻喷雾剂由于使用喷剂液体仅为生理盐水，作为非处方类产品，更适合大众使用。通过将生理盐水雾化，从鼻腔施以药剂，通过冲洗的方式，可以去除鼻黏膜上附着的病菌以及致敏性颗粒，同时也可以应急用来缓解鼻塞。但是，鼻喷雾剂在大众中的认知度和使用率都不是很高。对于如何使用鼻喷雾剂，有医疗机构进行调查的结果是：大多数用户对于如何使用这一产品并不是非常了解，操作的过程中出现各种微小的不规范情况较多。

医药公司U（代称），委托全适性设计研究中心通过用户实验，了解其鼻喷雾剂产品潜在用户的行为习惯，为产品的设计提供建议。

对于这一委托的要求，根据全适性设计的流程，首先需要确认的是利益相关者。通过发散式的思维尽可能多地列出利益相关者之后，对其进行分类并确定与产品本身关系的优先级。

在确定用户的过程中找出有特殊需求并且可以被征求到的用户以联系测试。在与当地的残障人士协会联系后，找到了部分愿意参与实验的人士。他们生理上的障碍主要集中在两个地方：手部及眼部。另外，参与实验的利益相关者还有非处方类医疗产品商店的销售人员、城市公共图书馆的工作人员等。

全适性设计的测试强调用户尽早参与并且测试的项目贯穿项目的全程。

实验过程包括产品实物以及原型模型。原型模型可以分为多种类别进行多次测试。每一种原型模型要满足对产品某一个特性的评估，并且满足模拟交互的要求。实验过程包含了对基本型的测试。在这里刻意忽略了造型的变化（全部由同比例长方体构成），而仅仅对体积的大小做出变化，希望被试人员选出手感最佳的一款（图6-3）。

在有了一定的概念并制作较为精细的原型模型后，可以安排一场专家测试。测试者是这一领域中具备专业知识的行业从业者。专家测试可以弥补设计师及用户在产品测试中容易忽略的问题，例如：产品的结构、成本问题，产品对于某些法律法规的适应性问题，等

图 6-3　不同体积的基本型测试
资料来源：作者拍摄

图 6-4　油泥模型的造型测试
资料来源：作者拍摄

等。不同领域的专家测试者的参与，可以帮助团队从不同视角发现问题。在本案例中，专家测试者的成员包括：委托方医药公司的研发工程师、老年人护理医院的护工、医疗产品商店的药剂师（图6-4）。

向专家用户提供的模型应当是较为完整并有利于进行交互的原型，对专家用户的测试也更多地从产品的技术可行性、成本、合法性以及商业前景等方面来加以论述。由于此类用户都对产品有着长期使用的经验，测试的最后可以要求他们对产品概念进行自由论述，会收集到许多意想不到的经验和有趣的经历。

关于专家测试，有一个不同于特殊需求用户的评估标准，与尽量收集需求和感受不同，专家测试的重点是为细化的各项专业性任务提供参考。这里引述剑桥大学工程设计中心对于专家测试的评估标准表：

在这一召集特定测试人员的现场实验之外，还安排了一个被试人员随机的现场测试作为

01 可用性 在何种程度上……	02 实用性 在何种程度上产品可以……	03 经济可承受性 在何种程度上产品可以……	04 期望性 在何种程度上产品激发……
· 用户可以通过产品实现自己的目标 · 用户可以在通过产品实现自己的目标时避免错误 · 用户可以在可接受的时间内实现自己的目标 · 用户在实现自己的目标时有满意的体验	· 给用户提供价值 · 给用户提供相较于其他方式来说更好的东西	· 产品提供的价值值得用户在产品生命周期的花费 · 用户可承担的预算可以覆盖产品购买和持续的花费	· 购买 · 持续地拥有 · 使用
05 兼容性与合法性 在何种程度上产品符合……	06 可持续性 在何种程度上产品生命周期……	07 技术可行性 在何种程度上……	08 商业可行性 在何种程度上……
· 技术标准 · 最佳的实践指南 · 法律法规 · 文化期望	· 可持续的材料使用 · 有毒物质的控制 · 高效的能源使用	· 产品技术上是可行的 · 产品可以制造出来 · 产品可靠性是适合使用模式的	· 产品符合且能提升品牌 · 产品符合商业的性价比

图 6-5　专家测试的评估标准
资料来源：董华，《包容性设计中国档案》

补充。研究小组准备了两组设计不同、操作方法不同的鼻喷雾剂产品，一组为U医药公司的产品，另一组为同类型的竞品。在周末将它们带到人流量较大的商场内，随机邀请来往的路人进行试用并给出简单评价。

考虑到来往的行人不一定会有足够的耐心，所以仅仅设置了两个对照组的产品进行评测，问题的总数被控制在较少的量级，而问题本身也都是比较容易作答的类型。这些问题被用较大的字体打印在展板上，辅以少量图形，简单易识别。参与者试用产品后，可以将小标签贴在其所选的答案下（图6-6）。

随机测试的规模不大，对于用于比对的两款鼻喷雾剂，测试人员给出的需求以及反馈结果被以数值的方式在图表上呈现，如下图所示（图6-7）。

下面是一个以访谈结合问卷调查形式的研究案例。

苏州市东港新村，作为一个有着30年以上历史的老居住区，目前共有13个组团，7000多户居民。住宅区内的设施较为陈旧，居民中有相当大比例的老年人群体。

这一信息收集的方式也是对该居住区的使用者和利益相关者进行的调查，根据收集到的信息，以及对方是否愿意参加后续测试的意愿，可以建立一个简易的用户信息库，成为全适性设计用户测试的资源。其中，包括用户基本信息的建立，对用户特殊需求的定义，了解线

图6-6　在商场内进行的随机邀请测试
资料来源：作者拍摄

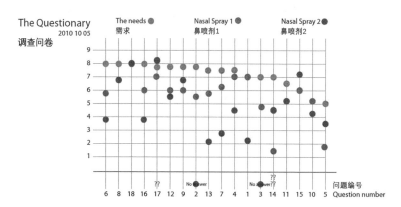
图6-7　随机测试的问卷成果以图示的方法表达
资料来源：作者绘制

上或线下用户测试的参与意愿。数据的收集包括环境的影像数据，产品及设备的使用评测，受访者与小区内环境及设施的互动，受访者所描述的主要问题及期望。

　　为获取相关信息，设计了调查问卷作为调研的参照。由于本次调查以设计师访问的形式完成，问卷本身的设计具有较大的自由度和开放性（如果问卷由受访者独立完成，则不论形式还是内容都应当保持简单直接）。在与该社区居委会联系并取得支持后，在小区内开展随机调查。受访者大多为这个小区的居民，其中有较大比例为高龄人士，或多或少有身体机能受限制的情况。也有非小区居民，他们是社区居民委员会的工作人员、小区商店的店员、每日通勤需要穿越小区的公司员工等，他们都与这个社区之间存在某种联系，属于利益有关联的人。

调查问卷主要分为三个部分，第一部分是受访者的基本信息，包括性别、年龄、受教育程度、家庭组成、居住条件等。同时，请他们对自身生理受限制情况做出判断。第二部分基于用户旅程，访问者邀请受访者共同对居住区内环境进行试用测试，同时讨论在小区内的日常活动，包括对公共设施的使用与环境的互动等，可以将重点放在身体能力相关或特殊需求相关的问题。第三部分则是针对之前话题的跟进讨论，希望受访者可以谈论在这个社区生活中遇到的各种问题，对上一部分采访的内容有遗漏的部分也可以补充。访谈的过程中，在征得受访者同意的前提下可以通过录音留下语音资料，也可以为受访者拍摄影像资料。

问卷的设计如下：

东港新村社区相关者调查			
时间： 地点： 受访者：			
一、受访者基本信息			
性别： 年龄： 学历： 家庭组成： 居住楼层：			
身体状况（是否存在以及存在何种限制）：			
是否曾参加过类似的调研： 是否有兴趣参与用户测试：			
二、用户旅程与协同测试			
常见的一天，在小区内的活动。 上下楼梯是否存在困难。 早晨起床的时间，在何处用餐。 出行使用哪种交通工具。 在小区内主要与哪些人交流。 夜晚低亮度情况下，小区内的照明是否足够。 ……			
邀请受访者使用居住区内的设施，如公共健身器材、步道及休闲座椅、社区内商店和超市、社区门禁系统、垃圾房等，在体验的同时听取受访者的评论。			
三、开放讨论			
刚才谈论的话题，是否有需要补充的地方。 希望能够谈谈您在小区内生活的状况，在从事哪些活动的时候感到困难，在使用哪些设施的时候感到不便，对社区环境有何建议，对社区的功能有何建议…… 是否愿意与访问人员共同参与后续的实验等内容。			

图6-8　东港新村社区相关者调查问卷
资料来源：作者课程内容

在对问卷进行整理分析时，主要有两个目的：1. 受访者对于小区环境的需求以及目前存在的问题；2. 整理受访者的基本信息，并筛选出有意愿参与后续用户测试者。这样的调研方式尽可能地涵盖与这一区域改造相关的各方，同时突出对有特殊需求人士意见的收集。相关反馈信息的整理分析会对后续设计产生积极的意义。

6.1.2 线上测试系统

线上测试，也被称为远程测试。相较于现场进行的用户测试，将整个测试过程搬到网络上远程实施有很多好处。线上测试可以节省成本，避免参与人员的舟车劳顿。如果测试系统完善，被试者可以独立完成测试流程，则参加测试的被试人员总数可以增大很多。另外，由于测试往往发生在被试人员家中，一些日用品的测试可以获得更接近真实状态的使用环境，比起专业测试场所或实验室，这是一种更好的选择。没有其他人员在场，也可以帮助被试者规避霍桑效应的影响。

有一个关于互联网的用户参与性设计的实践，就是社交网络的构建。短视频软件近年来爆发式的增长，许多短视频内容的发布者不自觉地使用了参与性设计的元素。通过视频页面的"分享"功能，观众将这些视频在不同的社交媒体和网络平台散布开来。观众通过点赞、评分以及留言评论等方式提供了其体验的反馈。内容提供者可以通过后台的数据，点赞数、收藏数、评论内容等对后续的创作进行改进。社交媒体网络和软件在这里充当了一个平台，为创作者和使用者之间提供了沟通管道，并将原始的反馈数据加以分析整理提供给创作者。可以说这三方共同构筑了这个参与式设计过程。这样的参与性设计实践是在线上进行的，而全适性的参与性过程同样也可以在线上进行。

关于全适性线上测试的整个流程，在这里结合本人曾经参与过的瑞典全适性设计网络测试系统来加以说明。这个系统是一个线上的研究性网页系统，曾在线试运行，但目前并不能够登录。在运行的过程中曾经过许多测试人员、研究者和机构的试用，并给予了良好的回应，该项目有许多值得参照的内容。

第一，要做的是建立以网络为依据的线上测试系统。这一系统包括登录页面，测试人员在录入账号后，后台会读取用户的个人资料，并且匹配需要测试的项目。

第二，联系招募参与测试的利益相关者。根据不同的测试产品应当选择不同的测试人员。而在这之前，如果能够建立一个测试人员库，对测试人员进行分类分组并给予一定的培训则将起到事半功倍的作用。在选择测试者时只需要选择相应的组别并进行联系即可。如果没有建立这样的资源库，则需要临时招募测试人员。临时招募测试人员可以通过网络平台发布信息的方式召集，或者由测试项目方提供。每一次测试的参与者数量也应当被控制，一般而言，至少有5人才能获得满足最低要求的反馈。

第三，对测试人员进行培训和分组。对测试人员需要有基本的了解和简单的培训。由于线上测试人员往往居住于各地，集中的培训有一定困难。可以将现有测试的影像资料作为培训的教程传送给测试者观看。

第四，以测试物品为依据选择参与人员。由于参与人员的选择侧重具有特殊需求的人士，则根据测试物品的不同，参与人员应当选择具有突出产品问题属性的生理受限制人员，或是在这方面有专业背景知识的人员。

第五，测试过程中研究人员的参与或缺席。这里也可以理解为测试的全程是否有人主持及监督。如果没有研究人员介入，仅仅由用户自己进入系统并完成整个测试，这就要求在线系统能够完美地引导测试人员完成测试的全部步骤，测试的脚本要描述得简单并且清晰。如果条件合适，还可以要求测试人员用影像记录测试全过程。如果研究人员介入主持或者监督，则要注意沟通的工具和方法，注意保证测试人员有足够的自主性来完成测试。

第六，反馈的收集整理。测试人员在线上系统中给出的所有反馈都应当被记录下来，一般在完成测试后，系统会自动生成涵盖这部分内容的报告。在有研究者参与的测试中，研究人员通过提出后续问题、观察记录测试人员的肢体语言等方式留存监督者视角的反馈信息。如果条件允许，全程录音录像也是可以分析的重要资料来源。

最后，研究人员应当根据项目的要求完成报告，因为自动生成的报告往往并不充分。如果报告是将用于后续的设计开发或是呈现给项目的委托方，那么研究人员要对资料加以分析整理。

在设计测试系统的脚本时，要注意时间的安排。过长的测试时间会给测试人员造成疲劳、注意力不集中等问题（与现场测试相比，研究人员可能无法发现这些情况）。控制测试全程的总时长并在其中留出休息时间是很重要的。

线上测试所采用的平台一般是电脑和网络，当然，随着移动互联网的兴起，移动终端也可以成为开展测试的工具。

对于一些虚拟系统，没有危险性的小型产品的测试，同样可以采用网络测试的方式。

瑞典全适性设计网络测试系统项目是由非营利性设计机构与瑞典政府部门联合推动的，目的是在设计师、研究人员以及企业之间建立起一个桥梁，同时把特殊人群也包容进来，共同完善产品的开发。为了这一项目能够顺利进行，项目主导方在全国范围内募集了约600名测试人员。这些人分布在瑞典各地，北到北极圈内的小镇，南到与丹麦相邻的厄勒海峡，遍布城市与乡村。他们有着不同的性别、年龄、职业和教育背景，而他们的共同点是都在某一方面有着特殊需求或特殊能力，对于产品测试而言是很好的对象。这些测试人员在被募集时都接受了简单的培训，了解如何使用测试网站以及如何根据网页上的指示完成测试及给出合理的反馈（图6-9）。他们根据个人的不同情况，被分成了不同的组别，如视力受限组或是手部活动不便组等，在测试相应产品时可以对照选取一组或几组与产品特性直接相关的测试组。需要被测试的产品或部件通过邮寄的方式被寄往选中的测试人员家中，测试者收到后通过电脑上网登录瑞典全适性设计网络测试系统网站，用自己的用户名和密码登录后，可以看到这一次测试的相关信息，包括测试物品、测试的内容和步骤、需要给出的相应反馈等。

这些信息的编写在这之前已经由项目相关设计师完成并提交到系统中，有调查问卷形式，也有直接询问使用感受，同时辅以视频或图例来解释说明。测试人员根据指引操作使用测试物品，在每一个操作步骤以及操作完成之后给出相应反馈。在测试全部完成之后，系统会收集所有的反馈信息，并根据这次测试的内容，自动生成一份报告，报告内的一些数据会自动形成图表，易于分析，同时项目相关设计师也能够下载及修改这份报告。报告可以用于研究分析或者提交给发起这一测试的企业机构。对于某些操作略显复杂或有安全性方面考虑的产品，也可以通过设立在不同城市或地区的测试点来进行测试，某一地区的用户集中前往当地的测试点，通过设置在测试点的产品和电脑完成测试，测试的反馈仍然反映在网上的系统内，并由自动生成报告的形式进行归纳。这一网络测试系统目前开放给设计师和其他研究人员注册使用，如果进行非营利性质的项目则由相关机构进行组织；如果是商业项目，测试人员及设计师的相应报酬由企业支付。

网络测试中的问卷需要经过特别设计。某些测试中参与的测试人员可能是老人、儿童或者有轻度认知障碍的人士，对问题的描述要简单易懂。问卷中所涉及的选项，可以通过图示的形式直观地传达每个选项的含义。

线上测试也有局限性。在我参与多场线上测试的过程中，也发现了这种方法的一些问题，在此列出以供参考。

1. 对于没有主持者或研究人员参与的线上测试，被试人员的状态无法被把握，可能出现被试人员过于随意地进行测试或在测试过程中分心的情况。

2. 一旦出现意外情况，没有专业人员在场将很难处理。虽然线上测试的原则中规定不能让测试者单独使用具有危险性的产品，但即使是安全的小型日用品，仍然有可能出现突发状况。

3. 当主持者或研究人员与被试者处于不同空间，交流沟通的难度会被放大，这有时还取决于网络的状态和速度。

4. 在被试者需要独立完成的操作中，如果脚本的描述不够清晰直观，可能会导致误操作或者消耗大量时间。

5. 如果没有主持者或研究人员介入，当测试中出现较为关键的转折时，将失去进一步追

Usability Test (Test Product: Biocon Insupen) 易用性测试（Biocon 笔形注射器）

在手臂上插入针头及按动按钮的感受如何？

How is the feeling to insert the needle into the skin and press down the button on arm?

| Impossible | Very difficult | Rather difficult | Neither difficult nor easy | Rather easy | Very easy |

在腿上插入针头及按动按钮的感受如何？

How is the feeling to insert the needle into the skin and press down the button on leg?

| Impossible | Very difficult | Rather difficult | Neither difficult nor easy | Rather easy | Very easy |

使用完后移除针头的感受如何？

How is the feeling to remove the needle after use?

| Impossible | Very difficult | Rather difficult | Neither difficult nor easy | Rather easy | Very easy |

移除空的药囊感受如何？

How is the feeling to remove the empty cartridge?

| Impossible | Very difficult | Rather difficult | Neither difficult nor easy | Rather easy | Very easy |

图 6-9　网络测试中以图示表达的问卷
资料来源：瑞典全适性设计网络测试系统

问被试者的机会，这可能会降低测试的质量。

  这些局限性或者说缺陷是可以通过一定的方式进行弥补的，例如将测试流程和脚本尽可能地完善，反复检查测试品和使用说明以减少意外的发生。

6.2 模拟性实验

全适性设计为实现其有效性，常采用模拟性实验。模拟性实验也被称为"移情建模"（Empathic Modeling），通常是指通过模拟使设计师或研究人员处于特殊用户位置的技术。许多设计师及设计机构采用过这种技术，但总体而言，移情建模并没有一套标准的流程和方法。根据模拟的方向和复杂性不同，这一实验常被用于企业和教学。同时，也正是由于模拟性实验的灵活性，其成本可以被压缩到较低的程度，实验开展的门槛也可以较低，因此给了这一实验充分的利用空间。但模拟性实验的缺点也很明显，由于缺乏对模拟效果的严格评估，模拟所获得的真实性很难被验证。如何避免其中可能产生的误导，也是此类研究需要注意的重点。

6.2.1 模拟性实验研究的方法

本文始终强调，在全适性设计的过程中，用户的参与尤为重要，通过用户特别是极端用户的参与并给出反馈，可以收集到第一手资料，以帮助推进设计。而在没有极端用户参与的情况下，研究人员还可以通过模拟性实验的方法来开展研究。

西门子公司的老化模拟装项目，由相关业界研究学者主持，帮助设计研发部门提升对用户的了解体验。老化模拟装，SD&C GmbH设计，在四肢施加重量，戴上有色的眼镜以模糊视野，塞上耳塞降低听力，用来制造力量与感官功能衰退的感受。

作为一名精通心理学、人类学和计算机科学的专家，罗兰舒尔夫博士为原西门子公司人体工学与使用者界面部门负责人，并于之后创立了SD&C GmbH设计公司。他为博世西门子公司的家居用品设计开发了老化模拟装，目的是让试穿者体验身体机能开始走下坡路以后的世界。通过滑雪护目镜、塑胶手套、防护耳罩、负重背心等易于获得的物品，就可以配置一整套的老化模拟装，能够让受试者体验30岁以后的日常生活（图6-10）。

舒尔夫博士表示公司业界的经理人对此印象深刻，因为他们能"亲身感受老化的处境"（图6-11）。虽然老化模拟装并不能百分之百地让人体验高龄者的生活受限，但设计师和产业界都可以从这项研究中得到一定的收获。

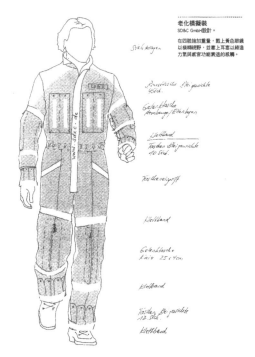

老化模擬裝
SD&C GmbH設計。

在四肢施加重量，戴上黃色眼鏡
以模糊視野，並塞上耳塞以締造
力氣與感官功能衰退的感覺。

图 6-10　SD&C GmbH 设计的老化模拟装
资料来源：奥利弗·赫维格，《通用设计》

图 6-11　舒尔夫博士亲自试用自己设计的老化模拟装
资料来源：奥利弗·赫维格，《通用设计》

模拟性实验不仅仅可以用在设计的流程中，也可以帮助设计师或相关研究者建立直观的极端用户体验，以帮助其从另一个视角来审视所从事研究的领域。

工业设计师摩尔帕特里西亚·摩尔（Patricia Moore）在1979年至1982年间，对视力、听力、身体的各处关节等进行了刻意的限制后，将自己装扮成一位老人游历北美，在这几年的过程中，她发现在各处都受到歧视并被边缘化，遇到过各种不便和障碍。她的经历在发表后引起了很大的震动，对之后北美推动的无障碍社会化和通用设计的普及起到了重要作用。

类似的老化模拟装在国内也有制作和使用。同济大学包容性设计研究中心制作了体验服和道具，通过穿戴和使用这些服装和设备，可以模拟年老的状态，对一般公众来说可以增加对老年人的同理心，而对专业研究人员来说则可以模拟老化的状态进行测试研究。此体验服已经从1.0版本的基础上研究并开发了2.0版本。

在本人近几年的教学实践过程中，也同样采用老化及残障模拟的方式，开发了部分用于实验的道具，主要集中在手部的模拟。

在实践的过程中，有很多可以直接购买到的现有工具，可以用于穿戴模拟，这包括沙袋、护目镜、眼罩、耳塞、手套、负重背心、跛脚鞋等。此类穿戴设备有些经过简单改造，有些直接就可以用于对不同生理障碍进行模拟。

情境化描述法：把用户调研中听到的用户生活方式和故事转化成数据和信息用来寻找创新机会，激发创意。情境化描述法是对真实用户行为需求的总结，并对特殊使用情景加以细致的描述。未来的老年人将有更多的技术使用经验，设计师需要借助情境描述工具（Scenario）来整合社会和技术发展趋势，对老年用户的生活方式进行预测性描述。

6.2.2　实验应用于企业及教学

模拟性实验的研究流程，大致可分为两个方向。

一是与用户旅程的体验相结合，在完成模拟后，进行一段时间的生活体验。这一实验的侧重点是体验，在体验的过程中提取出问题及需求。

图 6-12 作者与同事使用轮椅进行模拟性实验
资料来源：作者拍摄

二是具有目标针对性的模拟测试，针对的目标可以是具体的产品，也可以是环境或设施设备等。在实验环境下有针对性地进行某项测试，收集具体的反馈信息。

另外，在学校教学以及设计公司内部体验方面，也可以采用简单的装备，以短时间工作坊的形式进行体验。

最常被使用的模拟性实验道具是轮椅。腿脚正常的人使用轮椅可以彻底改变行动的模式，活动范围、视角、可实现操作的高度也都随之变化，仅仅使用这一件道具就可以获得完全不同的体验（图6-12）。但是，也要注意，应该避免产生将残障人士等同于轮椅使用者的惯性思维。

模拟性实验根据其复杂程度，部分可用于课堂教学，了解老化和残障对设计师而言极为重要。在这里要特别重视的一点是："了解"并非"想象"，学习设计的年轻学生常犯的一个错误在于将自己想象中老化及残障所可能遇到的问题作为设计的方向，其实往往是错谬。除了直接让相关人士参与设计中来（这一点在某些情况下难以应用于教学）外，模拟性实验至少是一个提供直观体验而非空想的路径。

对于全适性设计在国内的教学，目前并没有广泛的开展。但是，无障碍设计的课

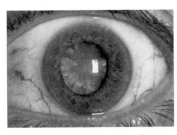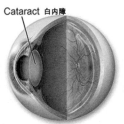

图6-13　白内障所造成的视觉模糊现象
资料来源：Lena Lorentzen 制图

程，或者人机工程学等课程已经在国内的工业设计专业普及，通用设计课程也有部分院校开设。

　　将全适性设计的模拟实验安排课堂教学，可以说是一种探索型的教学方式。用简单的工具就可以进行身体机能受限的模拟。穿戴式的模拟道具可以应用在手部、腿部、眼部、耳部等位置。最为简单的方式之一是将一根木棒绑在大腿的后侧，这会导致膝盖无法顺利的弯曲，可以模拟风湿性关节炎导致的关节障碍。将硬币用美纹纸绑在手指关节处，模拟的是关节炎导致的手指肿胀和关节僵硬，通过调节硬币的大小和数量可以模拟不同的严重程度。对于眼部不同疾病的模拟，可以购买透明护目镜自行改造。常见的眼部疾病如白内障、青光眼、眼底黄斑病变以及视网膜脱落等，可以通过有针对性地涂黑护目镜的一部分来加以模拟。例如白内障可以对护目镜中心进行部分遮挡，而青光眼则是遮挡周边部分（图6-13）。当然，这种改造护目镜的方法并不能非常逼真地模拟病理情况，但考虑到其廉价和易加工性，在作为辅助教学的道具方面还是有其便利性的。在市场上购买的普通工作手套，通过改造也可以发挥作用。

　　将这些模拟道具穿戴完成之后，学生们就可以出发进行体验了。可以通过确立用户角色和环境场景来设计一段用户旅程，不论是购物、休闲还是运动，能够到真实的环境中去体验未曾接触过的日常生活，感受不同的用户需求，是一种很好的经历。

　　如图6-14所示，一名学生穿上了负重背心，在大腿关节的背面绑上了两根木板，用以

图6-14　作者指导学生进行模拟实验的场景体验
资料来源：作者指导课程内容

模仿老化力弱以及骨关节炎造成的关节僵硬。通过如此简单的模拟后进行上下楼梯、坐立等，体会身体机能受限情况下所遇到的障碍。在上下楼梯时由于腿部无法弯曲，不得不更多地借助扶手，从座椅上起身时，需要高度适合的支撑（图6-14）。

　　一组学生以银屑病关节炎患者为模拟对象，通过一些简单道具，模拟其手部症状。银屑病关节炎作为一种慢性病，目前尚无治愈方法。患有此病的患者容易出现手指脚趾关节的肿胀疼痛、脊椎疼痛及眼部发炎等体征，并出现手部肿痛、压痛、拿东西没有力气等情况。学生通过戴上束缚性手套、手腕配重、手指关节处绑上硬币等方法来制作简易的模拟器。在戴上模拟器后，能明显感受到手腕较重，手指难以弯曲，时间长了之后，能感受到手臂肌肉酸痛，在拿重物时能感受到更强的下坠感，手腕活动不便。在佩戴此模拟器后使用锅铲、清洁喷剂等日常生活用品时，可以感受到平时被忽略的障碍和不便被放大，对此进行记录和评估。

　　一组学生以老年糖尿病患者的手部问题为模拟对象。通过利用皮筋捆绑指关节，模拟手部的老化问题（图6-15）。他们制作了用户画像以及用户旅程图（图6-16和图6-17）。由于这组研究希望通过模拟性实验进行家用便携式血糖仪的设计，他们的模拟性实验主要

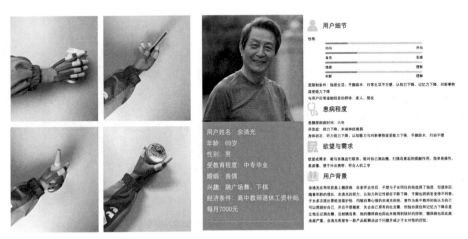

图 6-15　作者指导学生制作手部老化模拟器
资料来源：作者指导课程内容

用户姓名：余清光
年龄：69岁
性别：男
受教育程度：中专毕业
婚姻：丧偶
兴趣：跳广场舞、下棋
经济条件：高中教师退休工资补贴
每月7000元

👤 用户细节

性格：

内向		外向
直觉		实感
情感		理智
判断		理解

受限制条件：独居生活、手脚麻木、日常生活不方便、认知力下降、记忆力下降、对新事物接受能力下降
与用户日常接触较多的群体：家人、朋友

🩺 患病程度

患糖尿病时间：六年
并发症：视力下降、末端神经紊乱
身体状况：听力消退下降、认知能力与对新事物接受能力下降、手脚麻木、行动不便

📋 欲望与需求

欲望或需求：能与亲属进行联系、能对自己测血糖、打胰岛素起到提醒作用、简单易操作、易感懂、便于外出携带、符合人机工学

📖 用户背景

余清光在两年前患上糖尿病，在老伴去世后，不想与子女同住的他选择了独居，但遇得节凑随着年龄的增长、余清光的视力、认知力和记忆力都不断下降。手脚也因病变变得不利索，子女多次提出要给清清护理、均被他拒绝过着清光的健康，首先为高中教师的他认为自己可以很轻松好自己，并且不想麻烦、失去自己所有的社交圈，但独自居住和记忆力下降是让他忘记测血糖、注射胰岛素、注射胰岛素也因此未能得到较好的控制。糖尿病也因此越来越严重，余清光希望有一款产品能解决这个问题来减少子女对他的的牵挂。

图 6-16　作者指导学生制作用户画像图
资料来源：作者指导课程内容
注：该用户画像图出现人物为虚构，人物照片为公共图库资源

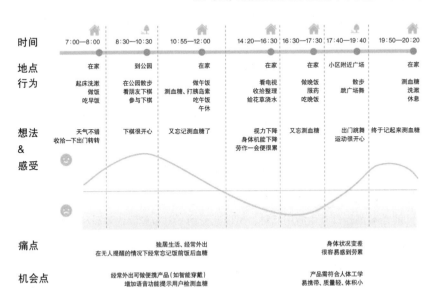

图 6-17　作者指导学生制作用户旅程图
资料来源：作者指导课程内容

侧重在手部。通过调整道具，可以模拟手部从轻度到重度失能的情况，通过多组实验来收集体验的信息。

在进行模拟性实验的过程中要注意安全问题。由于进行模拟性实验的人员往往通过某些道具限制部分身体机能，而其本身又不具备在此类受限条件下生活的经验，在真实环境中容易导致一些不必要的危险。这种问题更常出现在对视觉限制（眼罩、病理模拟眼镜等），以及对行动能力限制（腿部捆绑、拐杖和轮椅等）的情况下。当进行此类模拟实验时，应该至少有一名不作模拟限制的同行者进行监督，且这名同行者不参与记录等工作，仅负责保证行动受限者不会发生意外。

6.2.3　实验的目的及意义

人对于世界的认知是从外界对感觉器官产生刺激开始的。当人们的身体出现某种机能障碍时，相应的活动开始受到限制，感受来自社会和自然界各种刺激的能力会逐渐减弱，从而导致发生多重障碍的可能性增加①。导致此类多重障碍发生的原因不仅仅是因为残障或者老化，短期的失能（外部伤害或者疾病）以及心理因素的影响都有可能引发机能受限。

正如前文所提到的那样，全适性设计的原则主要是用户参与、柔性标准和从特殊群体开始入手等。模拟性实验帮助设计研究人员体验了极端用户的感受，并且获得第一手的直观感受，规避了过度量化来对产品或环境进行考察。

能够帮助体验者提高对身体机能受限人士的共情。对设计师而言，其设计相关的洞察力，对测试者反馈的认知和耐心都能得到提高；而如果一般公众也参与此类模拟性体验，有助于提升大众的同理心并促进社会整体的宽容度。

---

① 田中直人，保志场国夫 . 无障碍环境设计：刺激五感的设计方法 [M]. 陈浩，陈燕，译 . 北京：中国建筑工业出版社，2013：26.

如果缺乏用户测试和实验，设计师或产品开发团队，可能会仅仅根据产品的外观造型或自身的喜好来选择设计概念投产；企业的开发部门，会更多地依据咨询公司的流行性报告或同类产品的销量成绩来决定投资方向。这些依据并不能满足最大的用户群体，即使从经济利益的角度，也不能满足企业长远的效益。

6.3 用户参与性实验

在本节所描述的用户参与性实验，并非作为一种设计方法的参与性设计或协同设计，而是在全适性语境下的团队合作。通过进入真实的特定环境，基于参与实验用户的特殊需求，一些环境或产品中被忽略的问题将被放大。这里描述了多个全适性设计的实地体验测试案例对这一模式加以说明。

6.3.1 用户参与性实验的案例描述

实地体验测试

此类测试更多地应用于对环境及其中的设施设备的测试，也应用于强调使用环境的某些产品的测试。测试人员与设计师组成小组，进入实地环境进行测试，给出反馈，设计人员通过文字、影像等方式进行记录。在这一过程中使用的是相对柔性的标准，并不强调数据的精确化。

一个真实的案例是作者曾参与瑞典Solleftefå市的城市全适性改造项目。Solleftefå市位于瑞典中北部，是一个内陆小城。这座城市的市政府试图推动这一项目，让该市的主要公共区域，包括商业街、市政厅、图书馆等空间都能无障碍满足尽可能多的人来使用。为了满足改造的需求，市政府邀请了多组测试团队进行这一项目。每个测试团队包括多名有特殊需求的测试人员以及负责协同记录的设计师。测试团队的工作内容就是如同普通的市民或游客一般去体验这些环境，使用这些设备。在这一过程中，测试人员由于自身的特殊需求，总能发现日常易被忽略的问题（图6-18、图6-19）。这些被发现的细节问题再由设计人员记录后整理成报告提交给市政府，作为后期改进的重要参考。

在这个项目中，作者与一名测试人员N（轮椅使用者，下肢瘫痪，其他身体机能良好）组成小组，主要评估了Solleftefå市的商业街以及该市的一个水上运动中心。

Solleftefå市水上运动中心（Solleftefå Aquarena），位于该市近郊，拥有地区最大的8泳道标准游泳池，一个休闲泳池和一个教学/康复泳池。同时，该中心也拥有咖啡厅、健身房等设施。事实上，这个水上中心被认为是当地可及性设计做得非常出色的公共场馆，对于老人、

图 6-18　参与实地测试的人员在测试环境中　　　图 6-19　使用轮椅的测试人员在试用商业街的 ATM 取款机
资料来源：作者拍摄　　　　　　　　　　　　资料来源：作者拍摄

儿童及残障人士也较为友好。现场测试的目的更像是从中查漏补缺，看看在目前的设计和环境之下还有什么可以改进的地方。

对于这一水上运动中心的测试，侧重点在于对使用者可及性（accessibility）的评估。

在该水上运动中心可以使用的设备如下：

表 6-1　Sollefteå 市水上运动中心主要设施表

主要水上设备	附属设施设备
8 泳道标准游泳池	桑拿房
休闲泳池	Spa（水疗）房
教学 / 康复泳池	咖啡馆
儿童泳池及水上滑梯	小型超市

资料来源：作者制作

在前往水上中心之前，可以通过他们的网页了解泳池和健身房的信息与价格，也可以通过电话咨询以及预约团体训练课程等。

水上中心位于市郊，如果驱车前往，首先要在其附带的停车场驻车。在最靠近入口的地方，设置有残疾人停车位，标识清晰，车位的间距足够，适合经过改装的大型车以及轮椅等设备的使用。在这些停车位与中心入口之间没有台阶或门槛等障碍物（图6-20）。

主入口处的标识十分醒目，入口为自动玻璃门，通过按键控制打开（图6-21）。

图6-20　水上中心附属的残疾人停车位
资料来源：作者拍摄

图6-21　水上中心主入口
资料来源：作者拍摄

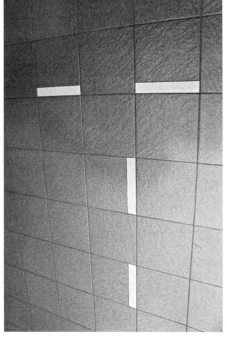

图6-22　白色的地面指示线连通整座建筑的各区域
资料来源：作者拍摄

前台的高度较一般情况更低，离地面88厘米，这一高度也适合儿童，对于轮椅使用者也相当友好。

从前台开始，地面铺设有指示线，这些指示线由醒目的白色条形地砖组成并且连接整座建筑的各个区域。这可以帮助视弱人士通过指示线前往电梯、换衣间、储物室、泳池等各区，指示线与其他地砖的色差对比度为0.2，这意味着足够的清晰且易辨识（图6-22）。

建筑内的各项设施几乎都进行了无障碍化设计。可以看到给轮椅使用者的换衣间、无障碍的浴室和卫生间，可用性极佳的电梯等设备。

以下介绍一个全适性设计实地测试的案例。

Din Tur是瑞典国营公共交通公司，拥有铁路、港口、公共大巴等交通设施，以及配套的站台便利店等设备。公司希望委托设计师及测试人员共同进行参与性设计的项目评估。评估的对象为从瑞典北部城市Umea的港口到Solleftea市中心的旅程，包括这一行程期间所有的交通设施以及车站。这一行程同样是客运轮渡的旅客经芬兰Vaasa市，穿越波罗的海在Umea港口登岸后，前往Solleftea市的旅程。这个项目的目的是评估整个行程的全适性。

Vaasa港与Umea港之间的轮渡航线具有特殊的历史意义。苏芬战争期间，有30000名被战火波及的芬兰儿童坐船通过这两个港口进入瑞典境内，由瑞典家庭收养。虽然在战争结束以后，他们大部分返回了芬兰，但是这一事件具有纪念意义，如今这两个港口内仍保留有铜制的纪念牌。

这一项目的参与测试人员有3人，他们都具有一定限度的生理机能受限情况，其中一人具有与此次行程相关的专业背景知识。3名测试人员均由北欧全适性设计研究所（Nordisk Design for Alla Center）Unicum推荐，接受过相应培训，并均有多次全适性设计用户测试经验。

3人分别为：

金（Kim，化名，以下同），男性，69岁，患有较严重的风湿性关节炎，导致腿部关节畸形，需要使用单个拐杖，手部手指关节肿胀僵硬，手部力量较弱。中度近视，需佩戴眼镜。该测试人员年轻时为海员，具有关于轮渡以及港口设施的专业的知识背景。

尼克（Nick），男性，38岁，因车祸导致下肢瘫痪，轮椅使用者，无其他明显失能情况。除部分特定环境外，可以自主使用轮椅。

薇奥拉（Viola），女性，57岁，高度近视，经过视力矫正后仍有一定程度的视觉障碍。关节炎导致手部手指关节轻微畸形肿胀，手部力量弱。

另有两名具有全适性设计研究背景的设计师同行，5人组成团队共同进行评估项目。这两名设计师，一人持有相机负责摄影摄像，另一人持有录音笔记录测试人员的反馈及彼此之间的交谈。

通过影像和录音记录了明确的图像及文本资料，对于这些数据的收集和分析，会在提交给委托方的评估报告中呈现。

在实验开始之前，调研团队对整个行程进行了规划，绘制了基本路线图。

整个旅程分为几个阶段。

第一阶段，由Umea港口出发，乘坐接驳巴士，到达Umea市中心，再前往Umea市火车站；第二阶段，从Umea市火车站乘坐火车到达Kramfors车站；第三阶段，由Kramfors车站乘坐城际巴士，到达Sollefteå市中心。这也是从芬兰Vaasa市到达瑞典Umea港后，乘坐公共交通工具到达Sollefteå市的常规路线。而在这个路线上的巴士、火车、车站等基本都属于Din Tur国营公共交通公司运行。

旅程的起点从Umea港口开始。首先对这个港口的外部设施进行评估。如果有人驾车前来，就将使用港口配备的停车场。对此，评估的重点为：停车场是否容易被识别；停车位设置是否合理并且是否配备有特殊停车位；从停车场进入到港口等候客室的全程是否便捷；等等。

Umea港等候大厅的一些情况是：1. 空间内部的光线不够明亮，顶灯设置的位置过高并且亮度较弱，当大厅外光线变暗时（北欧冬季大部分时间户外的光亮也不足），大厅内的一些信息内容就变得不易阅读了。2. 大厅内的主要信息由瑞典语、芬兰语和英语标注，这一点照顾到了不同人群，但是所用字体过小，对视力欠佳者不够友好。3. 大厅的空间足够宽敞，并且被摆上了许多绿植，但部分绿植对过道有一定的阻挡。无障碍电梯的前方被摆上了一盆大型绿植，这让轮椅使用者很难顺利地进入电梯。同时，绿植也遮挡了人们的视线，使无障碍电梯较难被发现。4. 无障碍设施维护较好，除电梯外，无障碍卫生间功能齐全，空间宽裕且标识清晰。5. 出入口配置自动门，且无门槛、台阶等阻碍，但由于采用透明玻璃，并且将"出口"和"入口"标识同时放在两侧，容易引起误解。

在等候大厅外：1. 出租车等候处的标识牌过小，并且背向等候厅，如果从大厅出来，将无法看到这个标识牌。2. 接驳巴士的站台标识同样过小，并且站台的路面有破损的情况。3. 接驳巴士无法供轮椅上下，咨询驾驶员，答复是可以向等候大厅的工作人员反映，由他们联系巴士公司将下一班接驳巴士改为特殊巴士。

从Umea市巴士站前往火车站：1. 接驳巴士站位于市中心，火车站在距离其仅700米处，许多旅客需要前往火车站，但除瑞典语外没有其他语言的信息告知火车站方向及距离。2. 火车站入口处设置有坡道，但较为陈旧且坡道扶手的长度不足。3. 火车站大厅的列车班次时刻表，文字的信息过密且字体过小。4. 无障碍卫生间的设备齐全、标识清楚，但在外侧门上贴有"如果在厕所内摔倒，请拨打本电话"的告知，很显然，这一标识应当设置在厕所内部。

乘坐火车：1. 列车到站后，车门与站台之间有自动展开的平台实现无缝连接。2. 座位号仅出现在座位的侧边，难以识别。3. 每个座椅后设置有扶手帮助站立。4. 车上的卫生间配备了基本的无障碍设备。

Kramfors车站：1. 车站内的指示牌清晰易辨识。2. 入口处设置有自动门，地面铺设有导航线。3. 前往巴士站台的路在冬季光线不足且因道路结冰而湿滑难行。

委托方仅要求完成评估，并不要求提供对问题的解决方案。在完成整个旅程的评测后，报告被整理并提交。

全适性设计不仅仅在产品设计的领域，同时也可以应用于环境和空间的设计。上文提到的瑞典Sollefteå市的城市全适性改造项目，有很大部分的测试和设计活动就是对该市的商业

苏州市商业区的公共服务设施全适性研究 - 调研评估表 - _____

公共设施	卫生间	洗手池	垃圾桶	电扶梯	直梯
基本情况					
共用性评估 （可用人群占比）	主流人群 / 孕妇 / 未成年 / 老年人 / 残障人士	主流人群 / 孕妇 / 未成年 / 老年人 / 残障人士	主流人群 / 孕妇 / 未成年 / 老年人 / 残障人士	主流人群 / 孕妇 / 未成年 / 老年人 / 残障人士	主流人群 / 孕妇 / 未成年 / 老年人 / 残障人士
安全性评估	卫生性 / 容错性 / 警示性 / 指示清晰 / 逻辑合理	卫生性 / 容错性 / 警示性 / 指示清晰 / 逻辑合理	卫生性 / 容错性 / 警示性 / 指示清晰 / 逻辑合理	卫生性 / 容错性 / 警示性 / 指示清晰 / 逻辑合理	卫生性 / 容错性 / 警示性 / 指示清晰 / 逻辑合理
经济性评估	低成本 / 简洁性 / 易维护 / 模块化 / 轻量化	低成本 / 简洁性 / 易维护 / 模块化 / 轻量化	低成本 / 简洁性 / 易维护 / 模块化 / 轻量化	低成本 / 简洁性 / 易维护 / 模块化 / 轻量化	低成本 / 简洁性 / 易维护 / 模块化 / 轻量化
空间协调性评估	美观性 / 色彩协调 / 造型风格协调 / 材 料协调 / 醒目度	美观性 / 色彩协调 / 造型风格协调 / 材 料协调	美观性 / 色彩协调 / 造型风格协调 / 材 料协调	美观性 / 色彩协调 / 造型风格协调 / 材 料协调	美观性 / 色彩协调 / 造型风格协调 / 材 料协调

图 6-23　苏州市商业区公共服务设施全适性调研评估表
资料来源：作者指导项目

图 6-24　苏州市商业区公共服务设施评估
资料来源：作者指导项目

区的公共空间进行评估。在探索全适性设计本土化的过程中，也有类似的案例，通过现场协同测试的方式开展研究。

以下案例是以苏州市部分购物商场为目标，进行的全适性评测活动。购物中心作为商业区的核心场所，往往是人群最为聚集的地方。因此，购物中心的公共服务配套设施一般最为齐全，其服务能力的高低也基本代表着所在商业区的公共服务设施水平的高低。根据买购网的苏州购物中心品牌排行榜数据，苏州排名前五的购物中心品牌依次是苏州中心、龙湖天街、比斯特购物村、印象城、诚品生活。以这五座购物中心为调研样本，以其中的卫生间、洗手池、垃圾桶、电扶梯、直梯为具体的公共服务设施调研对象，对其设计现状开展"是否满足全适性设计原则"的田野调查。根据全适性公共服务设施的设计原则制作了全适性评估量表，在"共用性""安全性""经济性""空间协调性"的设计原则下各细分出五点细则，对苏州商业区的公共服务设施的全适性设计水平进行打分制量化评估（图6-23、图6-24）。

苏州商业区公共服务设施的服务人群范围能够基本覆盖住各种特殊群体，但针对残障人士尤其是视障人士的设计考虑连贯性依然不够，这是因为设计师在进行设计规划时并没有进行全程性、全局性的用户旅程考察。目前，苏州商业区的公共服务设施仍然处于把各类用户群体割裂开来做针对性设计的阶段，即各类设施的服务对象仍然比较单一，尚不具备面向所有群体的服务能力。

6.3.2 研究报告及实验的意义

一份完整的全适性设计用户测试研究报告，要包含测试的时间、地点；测试的产品或者环境设备；参加测试的人员以及他们的基本特征，对测试人员需求的概括，对反馈信息的收集以及分析，这里的分析可以是不同角度的，以及最终得出的结论。

研究报告的成果本身应当真实可靠，实验的所有参与者都应当在报告中被提及。

用户测试研究报告的价值在于：记录测试过程，帮助项目团队了解实验及测试的完整流程和内容；传递反馈信息，测试人员的体验和情感通过数据化反映出来，最终找到当前产品的问题。

而这些实验本身则成为实现全适性设计的一个重要载体，"实验"这一行为模式本身，将设计师、用户和利益相关者置于同一个场景中，作为一个团队，实现了在其他场合很难完成的协同。而实验的过程，也是这三者之间的沟通过程，即便使用不同的沟通语言，但是在行为和目标上是朝着共同的方向努力。因此，实验最大程度地涵盖了不同的需求，获得的反馈信息是全适性创新的重要来源。

实验的重要意义还在于找出用户最真实的体验。被试者在特定环境下的思维方式和行为模式，能够表达出用户的心理需求和情感体验。如果不是通过实验的形式，一些潜在的需求和情感很难被发现，被试者本身也是处于一种潜意识中，无法直接描述具体的内容。用户体验虽然是主观的，但实验过程中收集的反馈信息却是客观而详细的。

对于接受商业委托所进行的实验，研究报告的成果还应注意是否涉及商业机密，为委托方保护基本的利益。

研究报告的成果如果可以被公开，则应当通过合适的平台将共享最大化。研究成果被更广泛的传播有利于经验和知识的共享。

与传统的用户测试相比，全适性设计的用户参与性实验有着不同的意义。在参与人员的选择、团队中协作沟通的方式、对信息的收集分析侧重点以及实验目的的指向性方面，可以发现全适性用户实验与传统用户测试的异同。

以下用表格的形式对两者进行对比。

好的设计使人得心应手，差的设计令人举步维艰。作为一个带有理想主义色彩的设计

表 6-2 传统用户测试与全适性用户参与实验对比表

	传统用户测试	全适性用户参与实验
测试人员选择	随机选择或挑选测试产品的主流用户群体人员	挑选测试内容的利益相关者，其范围更为广阔；侧重有着特殊需求的用户
研究或设计人员	研究人员或设计人员以主持者的身份参与测试，主导测试的流程	研究人员和设计师以团队成员的平等身份参与实验，与测试人员是沟通协作的关系
测试环境及产品	以固定场所为主，涉及真实环境	主要在真实的环境中展开，尽可能还原产品及设备的使用情况
对设备的要求	图文及影像记录设备	图文及影像记录设备；辅具及模拟性道具等设备
团队沟通情况	研究人员作为引导者，主要负责提出要求，由测试人员完成相应任务	研究人员或设计师与测试人员平等沟通，双方有身份认同和互换的机制，对测试要求可以进行比对
对反馈信息的收集	以产品的易用性信息为收集反馈的主要方向	以用户的需求和感受为反馈的主要收集方向
对测试反馈信息的量化	以参数化的数据形式记录反馈，例如打分等	以描述性的柔性标准为主，重点在将问题放大
研究结论对设计的帮助	改良已有产品的再设计，提高产品易用性；基于主流用户习惯对新产品进行开发设计	从对特殊需求人士的研究进行创意开发设计，并最终期望获得满足边缘群体同时适合大众更易使用的方案
成本	中	偏高

资料来源：作者自制

理念，全适性设计在欧洲已经走过了20多个年头。目前世界上与全适性设计相类似的设计概念还有不少，如包容性设计（Inclusive Design）、通用设计（Universal Design）、感性工学、无障碍设计（Barrier-free Design）、全寿命设计（Lifespan Design）、服务设计（Service Design）等。他们的共同点是都从人的情感和需求出发，体现了对社会弱势群体的人文关怀，并且其理想都是通过设计将尽可能多的人群包容进社会的日常中来。他们的不同是侧重点以及开展设计的方式方法。例如通用设计以及包容性设计，他们同样是普适性的面向所有人群。但是，通用设计更多地侧重于建筑及环境设计，通过具体数据和标准化的操作工具来作为设计方法。这使其在全球范围内特别是美国获得了较大的反响。而包容性设计则在英国得到了广泛的认同，其更强调社会的参与。在这一时间段内，全适性设计概念逐渐深入人心，其代表着人们对多元文化和社会公平的追求。这一理念曾经向全球的设计师和相关从业人员提出挑战，如今也将作为一项新的概念向中国的设计界提出挑战。

当下中国提出"创新、协调、绿色、开放、共享"的新发展理念，基于共享的理念，将全适性设计提升到设计思维的层面，探索"全适性设计"的本土化语言和试图提出符合当今设计驱动式创新发展的"中国观点"。

结　论

　　我们正处在一个重要的发展时期，就设计而言，人类诞生之时就是设计开始之时，人类能够设计制造工具是人类的本质特征之一。然而，人类社会至今已发生了翻天覆地的变化，设计的定义不断被修订，服务的对象也大大拓宽。但是，在设计可以涉及的所有领域内，在其为实现的专业服务对象中，仍然缺失了一个特定的对象——一类特殊人群，包括残障人士、老年人、患病者以及需要特别帮助的人。在这个世界上，任何人都应有共同享受设计的权利来表明自己存在的方式，对特殊人群的关注和为正常人群的服务正在合并，基于这个伦理上的思考，一个全新的概念——全适性设计由此诞生。

　　就设计本质而言，全适性设计并没有使其发生根本性的变化，也没有改变其终极目标，但就设计理论与实践而言，它是一个不可或缺的首创。不仅是设计学，而且对社会学、认识论、伦理学、管理学以及经济、政治的某些形式而言也是如此。在漫长的历史进程中，这是一次传统设计理念和方式的变革，它导致设计及其相关系统在根本上的转型，其意义是带来最具价值的、完整的社会生活品质。

　　在此，总结全文讨论得出以下四个方面的结论：

第一，以人为核心的设计创新思维的认知

　　全适性设计思维在寻求一种价值，这种价值是通过人来实现的，离开了设计主体人就没有了所谓价值的存在，因为人接受物、使用物、共享物，人直接决定了物，全适性思维是属人的主体性思维。一旦排斥了人的主体性，或者排斥了一部分人的社会存在与作用，其设计思维就会表现出严重的缺陷，设计也表现出严重的局限性。

　　全适性设计思维从人的现实出发，从生活中的人出发，以所有人包括特殊人群和普通人群的尺度为核心，去认识和把握现实的客体与主体之间的关系，把握设计客体对于主体人的价值以及动态的互动关系。必须强调的是：这里的主体人是所有人，并不是与少数特殊人群无关的正常状态下生活的人，也不是单一的生活有障碍者，而是以人的生存为基础的处于现实生活活动中的人，是社会共同体中的人。因此，以所有社会人总体为尺度的全适性思维，

超越了过去为正常人设计的传统设计思维，也超越了之前为残障人士设计的固定性思维，这是设计的创新思维，它让生活、社会、技术、网络、社区、经济的系统为所有人共享，创造出一种新的价值。这也是人性的又一次自觉，是人类自身发展、社会进步达到和谐的一种表现。

第二，相关者参与协同、沟通的设计方法

全适性设计的方法是一套系统设计的方法。整个流程体现出以利益相关者为起点，依据特殊用户和需求，获取前期沟通的内容，通过创意设计与原型、用户测试分析，完成方案成果或产品，最终由使用者和专家评估，反馈是否易用、易学及功能是否合理，然后推广应用。其中，协同设计是全适性方法的重点。

协同设计包含设计者与相关用户，也邀请利益相关者中的一部分群体参与。团队协同的最终目标是将设计师、研究人员、用户以及利益相关者置于一个整合的系统中，在这个系统中通过一定的沟通协同，对有效信息进行筛选分析，并得出全适性的创意思路和设计方案。在整个过程中，每个成员个体是系统中的重要因素。他们因不同领域的背景，而对设计项目有不同的思考，所提供的不同视角，更有利于整体主题的确定和设计方案完善。

为协同、沟通方法的有效性，而制定出全适性设计方法的原则：

1. 相关者参与的原则；

2. 柔性标准的原则；

3. 首先从特殊人群需求入手原则；

4. 包含尽可能多的用户群体原则。

可以看到，设计方法因社会、文化、经济、技术、政治和教育的变迁而改变，过去的设计通常由一个人独立作业，或单一领域的团队合作，这已不足以应付现在设计所面对的复杂因素问题。因此，全适性设计采用的是团队及跨领域合作，是一种积极的参与式设计模式，包括所有利益相关者，诸如设计者、合作伙伴、公司、社区民众以及特殊用户的参与合作，

进而确保能够满足所有利益相关者的需要。

第三，从特异到普适的共享社会生活实践

全适性设计的目标是"各方都能接受的设计"，在方案之初就必须考虑特殊需求人士，将他们包括在设计的过程之中。这在设计逻辑上，是从特异性向普适性的转变，在设计目的上，将特殊人群真正融入共享社会，在设计哲学上，从局部的伦理关怀转向了全面的和谐社会。全适性设计实践所呈现出来的未来社会感受，就像是从不同的视角观察一幅壮丽的生活画卷。

在设计开始前，重要的一步是首先采用以特殊人群为中心的方式，让特殊人群在这个项目中参与进来，共同寻找解决问题的方案。与此同时，也要关注正常人群，其设计结果对每一个参与者均有价值，保证设计结果在社会生活中被所有目标人群完全接受。过去专门的一个特异性方案的设计方式已经被摆脱，从特异到普适的这种转变，在多维度上支撑着特殊人群以更便利、更好的方式融进社会，与正常人群一起共享文明生活，全适性不仅创造了一种新的设计理念，也创造了新的设计价值。

解决特殊问题和解决普适性问题这两方面，从分开设计甚至对立状态到相融一体，从伦理的关注转向和谐社会的建设，这一全适性设计在实践上的突破性创新，也带来了设计哲学上的突破。而数千年的人类历史，不论是西方还是中国，特殊群体往往是游离于主流人群的少数群体，他们有着特殊的需求，但社会排斥让他们无法获得平等参与社会生活的机会。而在设计实践上，几乎所有的设计本身也造成了他们被排斥的原因。从设计哲学上讲，这是一种设计排斥理论，当设计的目标限于主流人群时，产品的使用功能超过了特殊人群用户的实际使用能力，他们就无法使用该产品，因此而产生设计排斥。作为补偿，无障碍设计针对这一部分边缘群体，被作为专为此类被排斥用户所专用的设计，虽然具有了针对性，但是仍然是脆弱的，缺乏可持续性，也不能真正让这部分群体共享社会生活。如果能够让设计策略开始考虑这种共享，在设计的目标和实践中实现这种共享，将使特殊人群融入社会，大大提高

特殊群体的生活品质。

第四，超越设计物质功能的社会伦理价值的体现

设计是一门实践为主的学科，它在物质技术与艺术人文之间达成统一，来满足人们的需求。在工业设计的早期，无论是设计者还是使用者首先关注的都是物质设计。而在当今信息化、智能化社会，人们开始关注交互、服务、体验设计，构架与此相关的社会运作体系，其中对于人文伦理的关注尤为重要。对于伦理的深刻理解，将超越设计对于物质功能的理解，让弱势群体在生活中体现出人性的尊严，设计伦理通过设计新的实践提升了设计的价值，人类的生活才是一种具有价值的生活。

自从100多年前瑞典社会活动家爱伦·凯等人推行设计的伦理及责任开始，这一理念文化深入人心，并在实践上产生全适性设计，最初强调的追求简约与彼此之间公平分享的思想开始真正被实现。伦理与共享这两个术语将被广泛使用，一些新的设计设想可以通过重新设计现有的产品来提高设计的服务效率，解决方案更注重人文伦理，新的服务方式更容易为人服务，更全面地涉及所有人群。在过去即使考虑一部分特殊人群仍不能超越传统设计的物质功能界限，到今天，社会伦理让设计超越其设计物质功能，设计发生了实质性的变化，其中的背景和意义包括以下几个方面：

1. 早期理论依据和技术背景的拓展；
2. 必须考虑弱势人群的愿望并纳入主流设计框架中考虑；
3. 社会问题、伦理、文化与政策、机构、社区系统所赋予的思考；
4. 不同设计维度所构成的综合价值的体现。

第五，架构起一个新的设计社会生活系统

全适性设计应对问题之初，就由"为残障及老龄人士进行特定设计"走向了更为高一层的思考："为尽可能多的用户设计"。所以，全适性设计致力于了解人们理想的生活目标，

并朝着这一目标努力：关注残障及老龄人的需求，使社会整体变得更为和谐，创造出人类极具意义的社会文明；并通过实践带来具体的共享和伦理关怀。全适性设计正是在这方面做出了努力，它尝试改变设计系统性，架构起一个新的设计社会生活系统，这是比现有设计系统更为积极的、人性的、富有弹性的设计文化系统。要实现这一转变，不仅在社会伦理上，也需要在技术方法上加以考虑，让社会生活设计的各个方面都体现出共享性，以使特殊人群能够共享而融入其中。这将成为一种新设计的起点，是一个文明幸福社会所应该具有的文化，从本文研究及已有实例来看，是已经被充分证实的。

参考文献

一、古籍类

[1] 胡平生，张萌译注. 礼记[M]. 北京：中华书局，2017.

[2] 徐正英，常佩雨译注. 周礼[M]. 北京：中华书局，2017.

[3] 张景，张松辉译注. 道德经[M]. 北京：中华书局，2021.

[4] 李学勤. 字源[M]. 天津：天津古籍出版社，2013.

[5] 老子译注[M]. 辛战军，译注. 北京：中华书局，2008.

[6] 考工记译注[M]. 闻人军，译注. 上海：上海古籍出版社，1993.

[7] 淮南子[M]. 陈广忠，译注. 北京：中华书局，2016.

二、外文类

[1] James Gordon Finlayson, Harbermas: A Very Short Introduction[M]. Oxford University Press, 2005, Britain.

[2] Simon Glendinning, Derrida: A Very Short Introduction[M]. Oxford University Press, 2011, Britain.

[3] Art and It's producers, Collected Works of William Morris, vol.XXII, London, 1914.

[4] Alfred Gell, The Technology of Enchantment and the Enchantment of Technology, in Anthropology, Art and Aesthetics, eds.J.Coote and A. Shelton(Oxford: Clarendon, 1992).

[5] Klaus Krippendorf, The Semantic Turn: A New Foundation for Design (Boca Raton, FL: Taylor & Francis, 2006).

[6] Julian D.Richards, The Vikings: A Very Short Introduction[M]. Oxford University Press, 2005, Britain.

[7] Alexandra Sankova, Olga Druzhinina, VNIITE Discovering Utopia—Lost Archives of Soviet

Design[M]. Thames & Hudson, 2016, Britain.

[8] United Nations, The Millennium Development Goals Report 2013[R]. New York: United Nations 2013.

[9] John Heskett, Design: A Very Short Introduction[M]. Oxford University Press, 2002.

[10] Michael E. Porter, Mark R. Kramer, Creating Shared Value[J]. Harvard Business Review, 2011.01.

[11] EIDD, The Waterford Convention[R]. 2006.

[12] Design Interventions—(Prototyping User Experience 2/3)[EB/OL]. https: //medium. com/@careyhillsmith/design-interventions-76a8d1827ad7.

[13] Victor Papanek, Design for Human Scale[M]. Van Nostrand Reinhold Co; First Edition (January 1, 1983).

[14] Constantine Stephanidis, Interaction Design Foundation, The Encyclopedia of Human— Computer Interaction, Chapter 42.

[15] Hans Persson, Henrik Åhman, Alexander Arvei Yngling & Jan Gulliksen, Universal Design, Inclusive Design, Accessible Design, Design for All: Different Concepts—One Goal? On the Concept of Accessibility—Historical, Methodological and Philosophical Aspects[J]. Universal Access in the Information Society volume 14, pages 505—526 (2015).

[16] Joseph E. Stiglitz, The End of Neoliberalism and the Rebirth of History[N]. Project Syndicate, 2019.

[17] Xian Horn, Design for All: Transforming the Way We Think About Inclusion, Identity, and Accessible Spaces[EB/OL]. https: //link.springer.com/book/10.1007/978-3-319-02423-3

[18] Michael E. Porter, Mark R. Kramer, Creating Shared Value[J]. Harvard Business Review, 2011.01.

[19] Herbert Simon, The Sciences of the Artificial, Karl Taylor Compton Lectures (Massachusetts:

MIT Press, 1996).

[20] Friedman, Theory Construction in Design Research[A]. Design Studies, Volume 24, Issue 6, November 2003: 508.

[21] Henry Dreyfuss: Designing for People[M]. USA, Allworth Press, 2003.

三、著作类

[1] 魏伯乐，安德斯·维杰克曼. 翻转极限：生态文明的觉醒之路[M]. 程一恒，译. 上海，同济大学出版社，2018.

[2] 托尼·弗赖，克莱夫·迪尔诺特，苏珊·斯图尔特. 设计与历史的质疑[M]. 赵泉泉，张黎，译. 南京：江苏凤凰美术出版社，2020.

[3] 柳冠中. 事理学方法论[M]. 上海：上海人民美术出版社，2019.

[4] 靳埭强，潘家健. 关怀的设计：设计伦理思考与实践[M]. 北京：北京大学出版社，2018.

[5] 罗伯托·维甘提. 第三种创新[M]. 戴莎，译. 北京：中国人民大学出版社，2013.

[6] 维克多·J. 帕帕内克. 为真实的世界设计[M]. 周博，译. 北京：北京日报出版社，2020.

[7] 克里斯蒂娜·J. 罗宾诺维茨，丽萨·W. 卡尔. 当代维京文化[M]. 肖琼，译. 北京：中国社会科学出版社，2015.

[8] 李超民. 美国社会保障制度[M]. 上海：上海人民出版社，2009.

[9] 齐格蒙特·鲍曼. 工作、消费主义和新穷人[M]. 郭楠，译. 上海：上海社会科学院出版社，2021.

[10] 奥立佛·赫维格. 通用设计：无障碍生活的解决方案[M]. 台北：龙溪国际图书有限公司出版，2010.

[11] 日经设计. IKEA，宜家的设计[M]. 郭朝暾，黄静，译. 武汉：华中科技大学出版社，2017.

[12] 安德鲁·芬伯格. 技术批判理论[M]. 韩连庆，曹观法，译. 北京：北京大学出版社，2005.

[13] 陈平. 代谢增长论：技术小波和文明兴衰[M]. 北京：北京大学出版社，2019.

[14] 布鲁斯·布朗，理查德·布坎南，卡尔·迪桑沃，等. 设计问题：服务与社会[M]. 孙志祥，辛向阳，谢竞贤，译. 南京：江苏凤凰美术出版社，2021.

[15] 香港设计中心. 设计的精神续[M]. 沈阳：辽宁技术科学出版社，2009.

[16] 阿德里安·福蒂. 欲求之物：1750年以来的设计与社会[M]. 苟娴煦，译. 南京：译林出版社，2014.

[17] 后藤武，佐佐木正人，深泽直人. 设计的生态学[M]. 黄友玫，译. 南宁：广西师范大学出版社，2016.

[18] 詹姆斯·戈登·芬利森. 哈贝马斯[M]. 邵志军，译. 南京：译林出版社，2015.

[19] 马克斯·韦伯. 新教伦理与资本主义精神[M]. 马奇炎，陈婧，译. 北京：北京大学出版社，2012.

[20] 约翰·萨卡拉. 泡沫之中：复杂世界的设计[M]. 曾乙文，译. 南京：江苏凤凰美术出版社，2022.

[21] 马尔库塞. 单向度的人：发达工业社会意识形态研究[M]. 刘继，译. 上海：上海译文出版社，2008.

[22] 斯塔福德·比尔. 设计自由[M]. 李文哲，译. 南京：南京大学出版社，2020.

[23] 维克多·J.帕帕内克. 绿色律令[M]. 周博，译. 北京：中信出版社，2013.

[24] 埃佐·曼奇尼. 设计，在人人设计的时代：社会创新设计导论[M]. 钟芳，马谨，译. 北京：电子工业出版社，2016.

[25] 阿鲁·萨丹拉彻. 分享经济的爆发[M]. 周恂，译. 上海：文汇出版社，2017.

[26] 马克思，恩格斯. 马克思恩格斯选集[M]. 第4卷，北京：人民出版社，1995.

[27] 托马斯·皮凯蒂. 21世纪资本论[M]. 巴曙松，译. 北京：中信出版社，2014.

[28] 布鲁斯·布朗，理查德·布坎南，卡尔·迪桑沃，等. 设计问题：本质与逻辑[M]. 孙志祥，辛向阳，谢竞贤，译. 南京：江苏凤凰美术出版社，2021.

[29] 斯图尔特·沃克. 可持续性设计：物质世界的根本性变革[M]. 张慧琴，马誉铭，译. 北京：中国纺织出版社，2019.

[30] 哈尔·福斯特. 设计之罪[M]. 百舜，译. 济南：山东画报出版社，2013.

[31] 吕洪业. 中国古代慈善简史[M]. 北京：中国社会出版社，2014.

[32] 路甬祥. 论创新设计[M]. 北京：中国科学技术出版社，2017.

[33] 唐纳德·诺曼. 情感化设计[M]. 何笑梅，欧秋杏，译. 北京：中信出版社，2015.

[34] 黄河. 设计人类工效学[M]. 北京：清华大学出版社，2006.

[35] 邓嵘. 健康设计思维与方法[M]. 南京：江苏凤凰美术出版社，2022.

[36] 田中直人，保志场国夫. 无障碍环境设计：刺激五感的设计方法[M]. 陈浩，陈燕，译. 北京：中国建筑工业出版社，2013.

[37] 孙凌云. 智能产品设计[M]. 北京：高等教育出版社，2020.

[38] 约翰·萨卡拉. 新经济的召唤：设计明日世界[M]. 马谨，马越，译. 上海：同济大学出版社，2018.

[39] 赫克托·麦克唐纳. 后真相时代[M]. 刘清山，译. 南昌：江西人民出版社，2019.

[40] 阿比吉特·班纳吉，埃斯特·迪弗洛. 贫穷的本质：我们为什么摆脱不了贫穷[M]. 景芳，译. 北京：中信出版社，2018.

[41] 艾莉森·J. 克拉克. 设计人类学[M]. 王馨月，译. 北京：北京大学出版社，2022.

[42] 本尼迪克特·安德森. 想象的共同体：民族主义的起源与散布[M]. 吴叡人，译. 上海：上海人民出版社，2016.

[43] 马特·马尔帕斯. 批判性设计及其语境：历史、理论和实践[M]. 张黎，译. 南京：江

苏凤凰美术出版社，2019，32.

[44] 郑也夫. 后物欲时代的来临[M]. 北京：中信出版社，2016.

[45] 董华. 包容性设计中国档案[M]. 上海：同济大学出版社，2019.

[46] 阿恩海姆，霍兰，蔡尔德，等. 艺术的心理世界[M]. 周宪，译. 北京：中国人民大学出版社，2003.

[47] 黄群. 无障碍·通用设计[M]. 北京：机械工业出版社，2009.

[48] 马丁·托米奇. 设计的方法[M]. 宋斯扬，译. 沈阳：辽宁科学技术出版社，2021.

[49] 太刀川瑛弼马. 设计与革新：关于未来设计的50种思考[M]. 赵昕，译. 武汉：华中科技大学出版社，2019.

[50] 维克多·马格林. 设计的观念[M]. 张黎，译. 南京：江苏凤凰美术出版社，2018.

[51] 克劳斯·施瓦布，彼得·万哈姆. 利益相关者[M]. 思齐，李艳，译. 北京：中信出版社，2021.

[52] 中川聪. 通用设计的教科书[M]. 张旭晴，译. 台北：龙溪国际图书有限公司出版，2013.

[53] 约翰·赫斯科特. 设计：无处不在[M]. 丁珏，译. 南京：译林出版社，2013.

[54] 马特·马尔帕斯. 批判性设计及其语境：历史、理论和实践[M]. 张黎，译. 南京：江苏凤凰美术出版社，2019.

四、期刊类

[1] 许宝友. 美国社会福利制度发展和转型的政治理念因素分析[J]. 科学社会主义，2009（01）.

[2] 许琪瑄，李一城. 苏州市商业区公共设施的全适性设计[J]. 丝网印刷，2022（22）.

[3] 李青. 日本养老制度发展历程：从"国家福利"到"社会福利"[J]. 行政管理改革，

2019（07）.

[4] 何晓佑. 中国设计要从跟随式发展转型为先进性发展[J]. 设计，2019.

[5] 杜振吉，孟凡平. 中国传统弱势群体伦理关怀思想论析[J]. 理论学刊，2015（12）.

[6] 赵超. 老龄化设计：包容性立场与批判性态度[J]. 装饰，2012（09）.

[7] 习近平. 在党的十八届五中全会第二次全体会议上的讲话（节选）[J]. 求是，2016（01）.

[8] 刘聪慧. 共情的相关理论评述及动态模型探新[J]. 心理科学进展，2009，17（05）.

[9] 严文波. 中国传统"和合"理念与构建人类命运共同体[J]. 红旗文稿，2020.

[10] 李一城. 充满理想主义色彩的设计理念：全适性设计[J]，湖南包装，2016（04）.

[11] 维克多·J. 帕帕内克. 未来不似昨日[J]. 设计问题，1988，5（01）：4—17.

[12] 习近平. 把握新发展阶段，贯彻新发展理念，构建新发展格局[J].求是，2021（04）.

[13] 李立新. 感性工学：一门新学科的诞生[J]. 艺术·生活，2006（03）.

[14] 管轶群. 为人人共享而设计[J]. 建筑技艺，2014（03）.

[15] 张凯，朱博伟. 包容性设计研究进展、热点与趋势[J]. 包装工程，2021（02）：22.

五、其他

[1] 麻省理工学院老年实验室[EB/OL]. http://web.mit.edu/agelab/about_agelab.shtml.

[2] EIDD. The Waterford Convention[R]. 2006.

[3] 谢磊. 深蓝学院公开课，智能语音技术新发展与发展趋势[R]. 2022.

[4] 中华人民共和国残疾人保障法（2018年最新修订）[G]. 北京：中国法制出版社，2018.

[5] 澎湃新闻. 导盲犬：美好想象与残酷现实[N]. 2022-05-08.

[6] 习近平. 决胜全面建成小康社会　夺取新时代中国特色社会主义伟大胜利：在中国共产党第十九次全国代表大会上的报告[R]. 2017-10-18.

[7] 习近平. 共同构建人与自然生命共同体：在"领导人气候峰会"上的讲话[R]. 2021-04-22.

附　录

附录 1：EIDD 斯德哥尔摩宣言

2004年9月在斯德哥尔摩举行的欧洲设计和残疾研究所年度大会上通过的《EIDD斯德哥尔摩宣言©》。

在整个欧洲，人类在年龄、文化和能力方面的多样性比以往任何时候都大。我们现在从疾病和伤害中幸存下来，并以前所未有的方式与残障共存。尽管当今世界日趋复杂，但它是我们自己所创造的，因此我们有可能，也有责任，将我们的设计建立在包容原则的基础上。

"全适性设计"是为人类多样性、社会包容和平等而设计的。这种整体和创新的方法对所有规划师、设计师、企业家、管理人员和政治领导人来说都是一个具有创造性和道德方面的挑战。

"全适性设计"旨在使所有人都有平等的机会参与社会的各个方面。为了实现这一目标，建筑环境、日常物品、服务、文化和信息——简而言之，由人所设计和制造供人所使用的一切——必须易于访问，方便社会中的每个人使用，并响应不断变化的人类多样性。

"全适性设计"的实践有意识地利用对人类需求和愿望的分析，并要求最终用户参与设计过程的每个阶段。

因此，欧洲设计和残疾研究所呼吁欧洲机构、国家、地区和地方政府以及专业人士、企业和社会行为者采取一切适当措施，在政策和行动中实施"全适性设计"。

附录 2：柏林行动纲领

2005年5月12日至5月13日，在柏林德国联邦政府新闻和游客中心举行的"全适性文化"国际会议。

重申1948年《世界人权宣言》条款宣布的权利，其中规定"人人有权自由参加社区的文化生活，享受艺术，分享科学进步及其惠益"，并在1966年《经济、社会权利国际公约》第15条中重申这一社会和文化权利。

提及1993年通过的联合国大会《联合国残疾人机会均等标准规则》。

考虑到2003年6月通过的欧洲理事会关于文化基础设施和文化活动无障碍性的决议。

欢迎《欧洲宪法》第3节"文化"第280条采取的立场。

研究了将"全适性设计"应用于几个具体文化部门的最新进展：1. 文化遗产——进入建筑物、自然保护区和人工制品；2. 文化背景下的城市环境和公共交通；3. 文化旅游与营销。

认识到以无缝方式获取物质和虚拟文化的内容的极端重要性，因为文化被少数人所垄断的社会是一个不安全和不健康的社会。

关注《里斯本议程》的原始版本和修订版都未重视文化作为欧洲经济的潜在财富来源。

深信"全适性设计"作为实现以人类多样性、社会包容和平等为基础的繁荣社会的工具的重要性，并重申《斯德哥尔摩宣言©》所载的原则。

宣布"全适性设计"可以提供具体方法，使文化内容的设计更易于人人使用。

邀请地方、区域、国家和国际各级的所有社会经济、政治和文化组织，无论是私营的还是公共的，尽一切努力将"全适性设计"的理论和实践作为横向的跨学科实践纳入所有文化活动、产品和计划。

呼吁欧洲各机构在即将出台的《第七框架方案》和其他地方设立资金项目，专门用于利用欧洲丰富的文化遗产，将其作为包容性欧洲社会和经济日益重要的财富来源。

承诺协助EIDD建立欧洲文化设计实施常设会议，每四年举行一次会议，并作为一个论坛，从设计和文化界尽可能广泛的参与者那里收集最佳做法，并向来自世界各地的感兴趣的观众展示这些做法。

　　承诺出版这一最终行动纲领并将其传播给他们自己的社区。

附录3：沃特福德公约

《沃特福德公约》

"尊严平等不是援助或福利的问题，而是权利、扶持工具和扶持政策的问题。"

"我们生活在知识时代，失业是一种结构性的制度失调……但我们对工作的态度与工业和服务时代相适应。"

"移民工人为获得经济利益而受到社会排斥。"

"排斥是一个不断变化的目标。"

"一个更加全适性的设计方法可以避免昂贵的立法干预。"

2006年5月18日至5月19日在沃特福德伍德兰酒店举行的"工作的全适性"国际会议的与会者，重申1948年《世界人权宣言》23条第一款所宣布的权利，该条规定：

"每个人都有权工作，有权自由选择就业，有权享受公正和有利的工作条件，有权获得失业保护"，以及1966年《经济、社会、文化权利国际公约》第6条和1958年国际劳工组织《关于歧视（就业和职业）的第111号公约》中的重申。

提及大会1993年通过的《联合国残疾人机会均等标准规则》；考虑到2003年11月27日通过的欧洲理事会第2000/78/EC号指令，该指令建立了就业和职业平等待遇的一般框架；欢迎《欧洲宪法》第三部分第三章第二节"社会政策"第210条通过的立场。

研究了"全适性设计"应用于以下工作方面的影响：

1. 交互可及性；

2. 环境可及性；

3. 过程可及性；

4. 社会可及性。

坚持以无缝而非程序的方式实现社会包容的至关重要性；关注《里斯本议程》修订版强调欧洲是一个充满活力、有竞争力的知识经济体，这明显损害了改善就业和社会凝聚力的规定；深信全适性设计作为实现一个以人类多样性、社会包容和平等为基础的繁荣社会的工具具有重要意义，并重申2004年5月9日通过的《斯德哥尔摩宣言》所载的原则；宣布全适性设计为每个人创造了条件，使他们能够在经济中积极参与生产，同时降低社会成本；提议全适性设计是《经济、社会、文化权利国际公约》第六条第二款所援引的"实现稳定的经济、社会和文化发展以及充分和生产性就业的政策和技术"之一，是《公约》缔约国义不容辞的责任；邀请地方、地区、国家和国际各级的所有经济、社会和政治组织，包括私营和公共组织，尽一切努力将全适性设计的理论和实践纳入企业、就业和自营职业的政策与活动中，作为一种横向的跨学科实践；呼吁欧洲机构在第七框架方案和其他方面设立和增加专项资金，专门针对通过全适性设计实现的工作中的社会包容方法进行研究、开发、实施、展示和传播；呼吁欧洲机构协助建立一个全适性设计欧洲常设会议，每四年举行一次会议，作为一个论坛，从设计、企业和工作界尽可能广泛的行动者那里收集最佳做法，并向世界各地感兴趣的观众展示；承诺将这一公约公开并向其自身所在社区传达。

附录 4：米兰宪章

《米兰宪章》

2007年6月28日、29日在米兰三年展举行的"全适性旅行"国际会议的与会者，采用联合国世界旅行组织对旅游产业的广义定义：

"为休闲、商务和其他目的前往和停留在其通常环境之外的地方的人的活动，与在访问地内进行有偿活动无关。"

坚信每个人都有不可剥夺的行动自由权，这项人权无疑因有机会体验具有各自社会、文化和经济条件与传统的其他生活方式而得到丰富。

敏锐地意识到旅行和旅游业是国内生产总值的主要来源之一，也是许多国家就业、收入的主要来源，因此也是经济繁荣和社会稳定的主要来源："更多的可及性创造了可持续的营业额，并提高了面向所有人的服务质量。"

确保只有需要包容的人类多样性被视为营销目标分析、系统和服务设计以及人力资源培训过程中的一个基本参数，才能实现旅行的可持续性。

欢迎欧洲联盟委员会于2004年成立，并于2007年2月发表的旅行业可持续发展小组报告中采取的令人鼓舞的态度。

研究了旅游业特别感兴趣的几个领域：

1. 意大利作为旅游目的地——未来的挑战；

2. 会议旅行：当今蓬勃发展的行业；

3. 旅游业的可持续性；

4. 旅游服务基准；

5. 全适性设计理论与实践在旅游业中的应用。

深信全适性设计作为实现一个以人类多样性、社会包容和平等为基础的繁荣社会的工具具有重要意义，并重申2004年5月9日通过的《斯德哥尔摩宣言》所载的原则。

宣布全适性设计有可能为每个人创造条件，使他们能够积极和被动地利用旅行和休闲时间。

邀请地方、地区、国家和国际各级的所有社会、经济、政治和旅游组织，包括私营和公共组织，尽一切努力将全适性设计的理论和实践纳入旅行产品和服务的战略规划与开发中，作为一种横向的跨学科实践。

呼吁欧洲机构及其国家对应机构制定专门的资金标题，以传播总体设计的潜力，特别是向旅游企业家和决策者传播全适性设计方法的潜力，包括制定和支持有针对性的管理、人力资源和意识培训，目的是在欧洲和全世界实现更具包容性的社会和经济。

欢迎ICCA邀请其继续与会议和会议行业合作开展社会包容外联计划，并邀请活跃在公共和私营部门的其他组织支持前一点发出的呼吁，并启动类似的计划。

承诺协助EIDD建立一个关于在旅游业中实施全适性设计的欧洲常设会议，每四年举行一次会议，作为一个论坛，收集设计和旅游界尽可能广泛的参与者的最佳实践，并向世界各地感兴趣的观众展示。

承诺将这一最终行动纲领公开并向其自身所在社区传达。

作者简介

李一城，1986年1月生于江苏常熟。

2004年9月考入东南大学艺术学院，攻读工业设计专业，于2008年毕业并获文学学士学位。

2010年至2013年就读于瑞典中部大学（Mid Sweden University）工业设计专业，于2013年获工业设计硕士学位。

2013年至2015年先后就职于瑞典LLD设计事务所及瑞典H.M.设计公司，担任设计师。

2013年至2015年，担任北欧全适性设计研究中心研究员。

2023年于南京艺术学院工业设计学院获设计学博士学位。

2015年7月至今任教于苏州大学艺术学院。